ESSAI

SUR

LES PLANTES DU DAUPHINÉ

DIAGNOSIS

SPECIERUM NOVARUM VEL DUBIO PRÆDITARUM

AUCTORE

Casimir ARVET-TOUVET

GRENOBLE
IMPRIMERIE DE PRUDHOMME, RUE LAFAYETTE, 14
1871

ESSAI

SUR

LES PLANTES DU DAUPHINÉ

ESSAI

SUR

LES PLANTES DU DAUPHINÉ

DIAGNOSIS

SPECIERUM NOVARUM VEL DUBIO PRÆDITARUM

AUCTORE

CASIMIR ARVET-TOUVET

GRENOBLE

IMPRIMERIE DE PRUDHOMME, RUE LAFAYETTE, 14

1871

1136-1-72. — Grenoble, impr. Prudhomme. — T. — T. à 200.

A

MON AMI & SAVANT MAITRE

L'ABBÉ FAURE

TÉMOIGNAGE D'AFFECTION ET DE RECONNAISSANCE

CASIMIR ARVET-TOUVET

HOMMAGE

La Botanique n'est plus aujourd'hui une science au berceau; ainsi que les autres branches de l'histoire naturelle, elle a fait au précédent siècle et au nôtre de vastes progrès. Linné, l'immortel Linné la domine tout entière; le premier, on peut le dire, il connut bien ses lois et les promulgua.

Avant lui, sans doute, on avait beaucoup tenté, les richesses étaient immenses; mais le plan de l'édifice n'était pas conçu et de solides bases n'avaient pas été jetées.

Tournefort avait paru: son génie imprima un premier mouvement à la botanique, mais ses règles n'étaient point assez claires, certaines et générales; chacun obéissant encore à des lois particulières, les trésors s'accumulaient et avec eux les difficultés et les ténèbres de la science.

Linné apporta la lumière, et sa vaste intelligence fit tout sortir de l'incertitude; il fixa les termes clairs et précis par lesquels on dut s'exprimer: désormais plus de langage vague ou barbare; il revêtit chaque espèce d'un caractère propre, d'un nom unique, pour aider la mémoire et rendre la comparaison et l'enchaînement plus faciles; il décrivit scrupuleusement, et parmi tous les caractères choisit les plus décisifs. Se livrant alors à toute la sublimité de son génie, il connut la nature et classa toutes les espèces d'après les lois de leur affinité ou parenté tirées de leurs organes nécessaires.

Les plantes ne furent plus étrangères les unes aux autres; de tous les points du globe elles vinrent recevoir du grand Linné un nom et un degré d'affinité. Les bases étaient jetées et renfermaient en même temps le plan de l'édifice entier. Sans doute, ce grand observateur laissa des lacunes, une partie de son système fut même abandonnée: Dieu seul connaît pleinement son œuvre; mais il avait jeté une vue tellement profonde sur tout l'ordre, les proportions, les lois, l'enchaînement de cette science, que les savants illustres qui l'ont suivi n'ont pu s'écarter de ses principes; pour pénétrer plus avant dans cet édifice admirable, ils se sont vus contraints de suivre sa marche, d'adopter ses vues. Jussieu et Decandolle ont fait pour les familles ce que Linné avait fait pour les espèces et une partie des genres.

Aujourd'hui, de quelque part qu'on aborde cet édifice, on est saisi d'étonnement: la masse est imposante et l'ordre plus admirable encore; le tout répond aux parties et la partie au tout; les lacunes ne sont rien eu égard à l'ensemble; l'ouvrage paraît digne du modèle et remonte jusqu'à Dieu. Gloire donc aux grands architectes et aux maîtres qui l'ont élevé.

Pour nous, qui ne sommes que de timides et faibles

ouvriers, nous mettons notre gloire à admirer et à travailler sous de tels maîtres, heureux si nous pouvons jamais apporter une simple pierre au temple élevé par des génies.

Gières, le 9 mai 1871.

CASIMIR ARVET-TOUVET.

OBSERVATION

Les richesses de la flore du Dauphiné sont bien connues; l'illustre Villars, dont les ouvrages, malgré le temps, jouissent d'une si juste autorité, les a pour ainsi dire épuisées. Toutefois, ce beau pays est si vaste, qu'il est permis encore à ceux qui viennent après lui d'espérer recueillir quelques épis égarés et inconnus et de participer ainsi à sa riche moisson.

On ne connaît pas, nous ne savons même si l'on connaîtra jamais le nombre exact des espèces existantes. Les classifications tendent à ce but; elles facilitent infiniment leur analyse et leur parfaite connaissance; l'esprit éclairé de toutes parts dans sa marche se rassure, se complaît dans ses investigations. Le seuil de la science franchi, un fil presque infaillible semble conduire à ses dernières profondeurs; mais là-même, pensons-nous, en est l'écueil. Le plus médiocre naturaliste croit trop aisément qu'il est devenu savant; affranchi des difficultés qu'il trouve aplanies, il pense en avoir triomphé; il avance, il veut marcher seul, il s'égare....

Nous n'osons nous flatter d'avoir évité cet écueil, nous connaissons trop notre ignorance et notre faiblesse dans cette science. Toutefois, n'ayant décrit que quelques plantes en passant et telles que le hasard nous les a fait rencontrer, nous ne donnons du moins à cet écrit aucune importance.

C. A.-T.

DIAGNOSIS

SPECIERUM NOVARUM VEL DUBIO PRÆDITARUM

THALICTRUM.

Sect. **Euthalictrum** (DC.).

Panicula ambitu pyramidalis vel ovata.

Flores sparsi vel in apice ramulorum umbellati, sed non dense fasciculati. — Petioli ternatim supradecompositi.

TH. FRIGIDUM (n.). — Cette plante se distingue du Th. calcareum (Jord.) par ses feuilles dépourvues de glandes saillantes et inodores ainsi que toute la plante, par ses folioles ordinairement assez larges et à dents plus obtuses, par sa tige glabre ou glabrescente quelquefois tortueuse inférieurement, *mais jamais genouillée aux articulations, non ou à peine sillonnée* et plus facilement compressible, *par ses pétioles qui ne sont pas renflés aux nœuds*, comme il arrive au *Th. calcareum*; enfin par sa souche grosse, ramassée et jamais rampante. Son stigmate est rougeâtre à l'état frais; ses anthères ont de 3 à 3 1/2 millim. de longueur; ses ovaires sont au nombre de 3 à 7, *à côtes complètes au nombre de 10 et à côtes incomplètes souvent assez nombreuses*. — Jul.-aug. ♃.

Obs. J'appelle côtes complètes celles qui parcourent normalement l'ovaire, qui vont de l'un à l'autre bout et ne manquent jamais; j'appelle côtes incomplètes celles qui manquent souvent ou ne parcourent ordinairement le fruit que dans une partie de sa longueur.

Hab. In Alpibus graniticis frigidis; les Voudaines près Belledonne: combe rocheuse au-dessus de la cascade de l'Oursière, allant directement au col.

TH. DEPAUPERATUM (n.). — *Panicula paupercula* subampliata laxissima abbreviatave laxa *foliata apice tantum nuda*; ramis valde elongatis vel abbreviatis subarcuato-ascendentibus erectisve *flexuosis*; pedunculis plerisque subverticillatis 1-3 centim. longis; carpellis ellipticis perfecte 8 costatis costis imperfectis subnullis; antheris apiculatis; ramificationibus primariis petioli *stipellis præditis* vel destitutis; foliis ambitu triangularibus; foliolis subtus sat intense glaucis majusculis vel mediocribus (2-3 centim. longis, 1-3 latis) *superioribus* nisi extremis, *inferioribus vix minoribus* subrotundo-ovatis vel obovatis oblongisve basi cuneatis profunde inæqualiter tri-quintifidis rarius plus minusve lobis obtusis vel acutis etiam in foliis superioribus acuminato-apiculatis; caule 4-12 decim. longo erecto vulgo flexuoso striato vel *sulcato glabroviridi facile comprimendo*.—Jul.-aug. ♃.

Hab. Mont-Viso entre le rocher croulé et le chalet de Ruines; la Bérarde; Mont-Cenis entre Lanslebourg et le col.

Obs. Dans les beaux échantillons de cette plante, la panicule est assez ample, très-feuillée inférieurement à rameaux allongés, mais très-lâche et toujours pauvre ; dans les individus maigres, elle est plus rassemblée au sommet de la tige, moins feuillée inférieurement et à rameaux et pédoncules assez courts. Les folioles varient par la grandeur et la forme arrondie ou cunéiforme, quelquefois elles ressemblent assez à celles du *Th. aquilegifolium* ; elles sont peu inégales. La tige est très-facilement compressible, glabre et sillonnée, les pétioles sont assez souvent munis de stipelles à leurs premières ramifications.

Si je lui ai donné un nom nouveau en la décrivant, c'est que je n'ai pas su à quelle espèce déjà connue je devais la rapporter. Elle paraît tenir également des *Th. laggeri præflorens, oreites* et *pyrenaicum* (Jord.). Ces quatre plantes ne formeraient-elles qu'une espèce? C'est ce que je n'ai pu résoudre. Je ne sais également ce qu'elle est au *Th. flexuosum* (Fries), dont je ne connais pas la description.

TH. POLYSPERMUM (n.). — Odoratum (G. G.) Pro parte? Panicula inferne tantum foliis parvis instructa ; *ramis superioribus arcuato-ascendentibus vel patentissimis*; pedunculis vulgo elongatis (2-4 centim. longis) plerisque subverticillatis ; *carpellis vulgo multis* (10-15) rarius paucis, *elliptico-oblongis* utrinque subæqualiter attenuatis, externe subrectis perfecte 8 costatis costis imperfectis subnullis ; antheris apiculatis ; stipellis nullis ; foliis ambitu triangularibus ; foliolis subrotundo-ovatis vel obovatis trifidis lobis integris vel inæqualiter profunde bitridentatis, superioribus acuminato-apiculatis ;

caule 3-7 decim. longo erecto vel arcuato-erecto nisi nodis parce striato, glabro vel minute glanduloso subfacile comprimendo; *caudice repente-stolonifero.*—Jul.-aug. ♃.

HAB. Lautaret entre Villard-d'Arène et l'hospice, Mont-Viso entre le rocher croulé et le chalet de Ruines.

TH. GRENIERI (n.). — ODORATUM (G. G.). Pro parte? *Souche ordinairement rampante* souvent à fleur de terre et formant un angle droit avec la tige. Diffère du *Th. polyspermum* (n.) principalement *par ses pédicelles plus courts*, plus grêles; *par ses carpelles régulièrement elliptiques ou un peu renflés à la base et non elliptiques-oblongs, ordinairement beaucoup moins nombreux*; par ses folioles généralement plus petites quelquefois très-petites, par sa tige souvent plus courte, moins facilement compressible, plus raide, un peu plus nerveuse et ordinairement plus droite; par ses pétioles secondaires plus renflés aux articulations et peut-être un peu plus anguleux, etc. —Jul.-aug. ♃.

HAB. Lautaret, Méronne près Larche, Mont-Cenis entre Lanslebourg et le col, etc.

TH. VERLOTI (n.). — Plante courte, très-tourmentée, très-fétide, à panicule très-divariquée, à souche très-rampante, voisine du *Th. Grenieri* (n.). Pédoncules courts ou très-courts, carpelles presque régulièrement ovales ou elliptiques-arrondis peu comprimés, à 8 côtes complètes et à côtes incomplètes de 2 à 6. Anthères longuement apiculées.

HAB. Col de l'Arc près Grenoble. Cette plante a été confondue avec le *Montanum* (Wallr.) dans le Catalogue encore inédit de M. J.-B. Verlot.

TH. PALLENS (n.). — Planta exsiccata adspectu pallida, ubique minute glandulosa; panicula inferne foliis brevibus instructa; ramis erecto-patulis; pedunculis breviusculis (1-2 centim. longis) passim tantum subverticillatis; carpellis (5-10) ellipticis perfecte 10 costatis costis imperfectis paucis; stigmate ovato; antheris apiculatis; stipellis nullis; foliis ambitu triangularibus; foliolis subrotundis trifidis lobis integris vel dentatis acutiusculis vel brevissime apiculatis, in foliis superioribus longius, *in pagina inferiore cartilagineo-albo-nitescenteque reticulato nervosis;* petiolis ramificationibus subincrassatis aperte stricteque angulatis; caule 3-7 decim. longo erecto inferne striato vel sulcato. ♃.

HAB. Pyrénées : Mont-Louis?

OBS. Cette plante se reconnaît facilement à la face inférieure de ses folioles dont les réticulations sont fines mais prononcées et blanches cartilagineuses.

OBS. J'ai également, des Pyrénées, mais dans un état incomplet, un *Thalictrum* remarquable par ses folioles souvent plus larges que longues, à lobes très-obtus et même rétus brusquement apiculés-mucronés, à mucron souvent court dans les folioles latérales, mais ordinairement allongé (environ 2 millim.) dans les terminales. Ses pédoncules sont aussi allongés (2-3 centim.) et le plus grand nombre subverticillés; ses pétioles sont relevés de côtes assez saillantes; sa panicule est lâchement étalée. Si ces caractères étaient reconnus constants, on pourrait l'appeler *T. mucronatum*.

TH. SAXICOLUM (n.). — Diffère du *Th. montanum* (Wall.) principalement *par sa tige épaisse, à nœuds rap-*

prochés, très-feuillée inférieurement et moins sillonnée si ce n'est aux nœuds; par sa panicule également très-étalée, mais d'ordinaire encore plus ample *et occupant souvent presque toute la tige*; par ses pédicelles plus grêles; *par ses carpelles obliquement ovales, ventrus intérieurement et déprimés vers le milieu sur la face externe*.

S'éloigne du *Th. sylvaticum* (Koch.) par sa tige épaisse, *dure, plus anguleuse et sillonnée surtout aux nœuds, flexueuse subgéniculée*; par ses pétioles secondaires *relevés d'angles saillants*; par ses folioles plus grandes, par sa panicule plus ample; par ses carpelles. Souche? Côtes complètes du fruit au nombre de 8, côtes incomplètes (3-5). Plante lâchement couverte d'une poussière fine et glanduleuse, principalement sur la tige un peu luisante et sur la face inférieure des feuilles. — Jul., sept. ♃.

Hab. Rochers sur les bords de la route qui conduit de Corps à N.-D. de la Salette.

Obs. Nous avons de la même localité un *Th. à souche grêle, rampante-stolonifère*; sa tige est également assez grêle, nue ou presque nue inférieurement, lâchement feuillée vers son milieu, un peu sillonnée-anguleuse; sa panicule est étalée-ascendante occupant le sommet ou un peu plus de la moitié de la tige; ses folioles sont arrondies, trifides, à lobes entiers ou dentés; la plante est lâchement couverte d'une poussière glanduleuse et en outre plus ou moins semée de glandes tuberculeuses noirâtres. Serait-ce le *Th. minus* (L.) que nous ne connaissons pas? Nous l'appelons provisoirement *Th. maculosum*.

RANUNCULUS (L.).

Sect. **Batrachium** (DC.).

R. PAUCICARPUS (n.). — Pedunculis (2-5 centim. longis) subæqualibus folia aperte superantibus; nectario subrotundo inferne marginato; petalis anguste obovatis 3-5 veniis; staminibus (5-10) pistilis longioribus; stigmate mox deciduo; *carpellis paucis* (8-15) subturgidis dorso hispidis breviter mucronatis; receptaculo piloso; *foliis omnibus setaceo-multifidis* laciniis undique vergentibus. *Flores parvi albi ungue concolores*. — Maj. aug. ♃.

Hab. Mares de la plaine marécageuse de Nantes-en-Rattier.

R. DROUETII (Schultz)? — Pedunculis (1-3 millim. longis) subæqualibus folio brevioribus longioribusve; nectario subrotundo inferne marginato; petalis anguste obovatis 3-5 veniis calyce plus minusve parum longioribus; staminibus (5-10) pistilis paulo longioribus; stigmate ovato papilloso mox deciduo; carpellis (10-30) subturgidis glabris glabriusculis apice rotundatis breviter mucronatis; receptaculo piloso; *foliis omnibus setaceo-multifidis* petiolatis sessilibusve laciniis undique vergentibus extra aquam in penicillum collabentibus. Flores parvi albi ungue flavo. — Maj.-sept. ♃.

Hab. Petites sources et bords de l'étang Maréchal à Mont-Rond sur Pinet-d'Uriage, Saint-Martin-d'Hères, Grand-Lemps, etc.

Obs. Cette plante est plus grêle dans toutes ses parties que le *R. trichophyllus*; son réceptacle est moins hispide et beaucoup plus petit; le style nous a paru inséré le plus souvent sur le prolongement du bord supérieur du carpelle et non presque à l'extrémité de son plus grand diamètre. Est-ce bien le *R. drouetii* (Schult.)? Nous l'avions appelée primitivement *R. microtorus*.

Une autre renoncule aquatique habite également les environs de Grenoble. Ses feuilles se réunissent en pinceau hors de l'eau, ses pédoncules sont généralement plus courts et moins épais que dans le *R. trichophyllus*, ses fleurs sont plus petites, ses carpelles plus arrondis au sommet et plus glabres, son réceptacle est à peu près de même grandeur et pareillement très-hispide; ne serait-ce pas plutôt le vrai *R. drouetii*?

R. CAPILLUS-NAIDIS (n.). — Cette plante est très-grêle; *ses feuilles sont toutes découpées en lanières excessivement fines*; ses pédoncules, non ou à peine atténués vers le sommet, ont de 2 à 4 centimèt. de longueur et dépassent de beaucoup les feuilles; son réceptacle est ovale ou oblong hispide; ses carpelles sont elliptiques-obovales mucronés *longuement atténués à la base, ce qui les fait paraître pédicellés*; ses fleurs? Dans cette plante comme dans notre *R. circinnatoides* les carpelles sont assez longuement atténués à la base, mais ici le stigmate est ordinairement très-caduc, ce qui fait que les deux pointes sont loin d'être égales. — Jul.-aug. ♃.

HAB. Pyemeyan au-dessus du Mont-de-Lans (Oisans).

R. CIRCINNATOIDES (n.). — Pedunculis (3-10 cent. longis) versus apicem attenuatis *folia submersa pluries superantibus*; *nectario oblongo undique marginato*; petalis obovatis in unguem brevem basi attenuatis multivenosis; staminibus numerosis pistilis longioribus; *stigmate persistente* carpellis subturgidis hispidis glabrisve *basi satis longe attenuatis, apice subattenuato apiculo gracili elongato marginem fructus superiorem terminante* mucronatis; receptaculo piloso; foliis submersis setaceo-multifidis *vulgo omnibus sessilibus* laciniis undique vergentibus *extra aquam non in penicillum collabentibus*; natantibus petiolatis reniformibus vulgo trilobatis inæqualiter crenatis, subtus vaginisque dense adpresso-pilosis. Flores pro sectione magni albi ungue flavo. — Maj.-jul. ♃.

Hab. Tous les fossés du lac desséché de Jarrie.

R. ELEOPHILUS (n.). — Peduneulis (2-4 centim. longis) versus apicem subattenuatis, *folia submersa vulgo denique aperte superantibus*; *nectario subrotundo inferne tantum raro undique marginato*; *petalis oblongo-obovatis* basi cuneatis 5-9 veniis; staminibus (10-20) pistilis longioribus; *stigmate subpersistente*; carpellis subturgidis glabris hispidisve *apice subattenuato apiculo gracili longiusculo marginem fructus superiorem terminante* mucronatis; receptaculo piloso; foliis omnibus setaceo-multifidis laciniis undique vergentibus, supremisve rarius natantibus reniformibus etiam peltato-rotundis (2-5 lobatis) profundeque crenatis vel dentatis, subtus parce adpresso-pilosis. Flores subparvi ungue flavo. — Ap.-jul. — Sæpe terrestris humilis ♃.

Hab. Gières, St-Martin-d'Hères, Jarrie, etc.

Obs. Cette plante est assez exactement intermédiaire

entre le *R. aquatilis* et le *R. trichophyllus*; elle doit se trouver dans toute la France.

OBS. Ce n'est que lorsque le stigmate nous a paru longtemps persistant et non très-caduc que nous avons dit le fruit longuement mucroné. Dans le *R. circinnatoides* le stigmate est persistant et le style relativement allongé; dans le *R. eleophilus*, le stigmate est aussi assez persistant, surtout dans la plante terrestre, mais le style est plus court. Les différences de longueur du style, quoique d'une importance incontestée, ne sont pas toujours facilement appréciables; quant à son insertion sur le carpelle, nous l'avons vue varier sur le même réceptacle. Il n'en est pas ainsi de la forme du carpelle lui-même très-arrondi ou atténué à son sommet qui nous a paru très-constante. Dans notre *R. circinnatoides* les carpelles étant longuement mucronés et très-atténués à la base, les deux pointes sont à peu près égales.

Notre *R. eleophilus* se distingue du *trichophyllus* avec lequel on l'a confondu, principalement par ses pédoncules plus longs ordinairement subatténués vers le sommet; par ses pétales un peu plus grands; par son stigmate plus persistant, surtout dans la plante terrestre; par son style un peu plus long et plus étroit (dans le *R. trichophyllus* il est très-court et paraît presque nul à la maturité du fruit, comme le remarque très-bien M. Boreau, *Fl. du cent.*); par ses étamines ordinairement plus nombreuses; par ses feuilles quelquefois de deux sortes, tandis que dans le *trichophyllus* nous les avons toujours vues toutes sétacées-multifides, etc. Ne serait-ce pas cette plante que MM. G. et G. auraient prise pour le *R. trichophyllus* (Chaix)?

Sect. **Euranunculus** (Gr. G.).

R. CAMMARIFOLIUS (n.). — *Pedunculis teretibus*; caule vulgo crasso procero (5-7 decim. longo) ramoso multifloro subglabro parce adpresso-piloso; *foliis* primo adspectu *fere aconiti paniculati* vel magis dissectis; petalis sat intense flavis (10-13 millim. longis 8-10 latis); *receptaculo glabro*, carpellis *in rostrum longiusculum* paulisper inclinatum apice uncinatum *sensim attenuatis*. —Jul. ♃.

Hab. Lautaret : rive gauche du torrent (la Dure ?) qui descend à la Romanche, lieux humides.

SILENE (L.)

Sect. **Behen** (Mœnch.).

S. ŒNANTHA (n.). — Calycibus obovatis dimidio vel subduplo minoribus quam in *S. inflata*; petalis antherisque vinolentis; *stylis vulgo brevissimis* (1-3 millim. longis); *capsula?* Accuratius in statu vivo hanc pulchram speciem observabo describamque. — Aug.-sept. ♃.

Hab. Lautaret : vallon des Roches-Noires (l'abbé Faure). (n.)

SAGINA (L.).

Sect. **Saginella** (Koch.).

S. AFFINIS (n.). — *Caulibus numerosis subdensatis patente-erectis* vulgo violaceo suffusis; *foliis aristatis* basi haud vel vix ciliatis; *sepalis capsulæ maturæ ad-*

pressis eaque paulo brevioribus, ovatis vel ovato-lanceolatis obtusis subobtusisve exterioribus mucronulo brevissimo vulgo introflexo terminatis ; petalis subnullis ; floribus tetrameris. — Jun.-jul.

HAB. Terres froides : Pont-de-Beauvoisin.

CERASTIUM (L.).

SECT. **Orthodon** (SER.).

C. MICROCAPSUM (n.). — Pro synonymo ALPINO-ARVENSE (n.). — *A cerastio alpino* (L.) præcipue differt : caulibus sæpe dense pubescentibus *sed nunquam barbato-villosis* ; à *C. arvensi* (L.) : *rosulis foliorum sterilium* ; ab utroque : *capsula minima obovata calycem tantum dimidium subæquante.* — Jul.-aug. ♃.

HAB. Belledonne à hauteur des lacs Domenon.

RHAMNUS (L.).

SECT. **Rhamnus**.

RH. GLOBULARIÆFOLIA (n.). — RH. PUMILA v. b. (Mut.). — Pedunculis calycem subæquantibus ; *foliis minimis* deciduis petiolatis *obovatis basi attenuatis apice emarginatis* obscureve acuminatis *subtus haud nitidis* serrulatis, venis utrinque ad nervum medium 5-7 obliquis *subarquatis* ; arbuscula prostrata fissuris rupium affixa minima 5-15 centim. longa. An *Rhamni alpinæ varietas ?*

HAB. Lautaret? Briançon ? R. R. ♄.
Herbier Diday, ex-juge à Briançon.

TRIFOLIUM (L.).

Sect. **Eutriphyllum** (DC.).

T. NIVALE (n.). An SIEB. ? an PANNONICUM (Vill.)? — Cette plante se distingue nettement du *Tr. pratense* par son calice poilu à la gorge *mais non fermé par un anneau calleux à la maturité*; de plus, ses tiges sont plus couchées-diffuses; sa pubescence ordinairement très-abondante est étalée horizontalement, ses capitules sont plus gros, ses fleurs plus pâles rougeâtres, jaunâtres ou blanchâtres. — Jul.-aug. ♃.

Hab. Belledonne, les Trois-Evêchés, etc.

ASTRAGALUS (L.).

Sect. **Glycyrrhizi** (Koch.).

A. LONGIPES (n.). — Caulibus 20-30 centim. longis, prostrato-ascendentibus gracilibus adpresso-pilosis; stipulis brevibus (5 millim. longis) lanceolatis concretis oppositifoliis; foliis (10-14 jugis), *foliolis ellipticis inferioribusve subrotundis* apice bidentato-emarginatis *subtus adpresso-pilosis supra glabris*; bracteis brevibus membranaceis calyce duplo triplo brevioribus; spicis capitatis; *pedunculis elongatis folio denique duplo-quadruplo longioribus* superne calyceque pilis atris subpatentibus obsitis; vexillo oblongo emarginato alis aperte longiore; *leguminibus fere subrotundo-trigonis* (6-7 millim. latis 12 longis) breviter pedicellatis basi cordatis externe profunde sulcatis *pilis atris albis intermixtis hirsutis*.

Flores exsiccati pallide violacei non cærulescentes.

Hab. Iles de Champ aux bords du Drac. ♃.

A. PHACACEUS (n.). — Caulibus 10-25 centim. longis *crassiusculis villosis*; *stipulis magnis* (8-12 millim. longis) concretis oppositifoliis; foliis 10-12 jugis, foliolis oblongo-ellipticis oblongisve apice emarginatis *lobis rotundatis, præsertim subtus subvillosis*; *bracteis longis* membranaceis calycem subæquantibus; spicis capitatis; pedunculis folium subæquantibus superantibusve; calyce pilis atris patentibus obsito; vexillo oblongo alis aperte longiore; *leguminibus subrotundo-ovatis* trigonis (5-6 millim. latis 12 longis) breviter pedicellatis basi cordatis *externe profunde sulcatis pilis albis hirsutis*.

Flores in statu sicco dijudicati *ochroleuci*. — Jun.-jul.

Hab. Briançon autour des forts; la Chapelle en Queyras.

OXYTROPIS (DC.).

O. AMETHYSTEA (n.). — Subacauli *cinereo-pilosa*; *caudice ramoso-elongato*; foliolis ovatis oblongisve acutiusculis sub 8-12 jugis, pedunculorum fere longitudine; racemis abbreviatis 6-12 floris; dentibus calycis *lineari-subulatis tubum subæquantibus*, *vexillo carina sesquilongiore* leguminis stipite *tubum calycis subæquante*.

Flores exsiccati pallide violacei *non cærulescentes*. — Jul.-aug. ♃.

Hab. Montagne de Serres, la Chinarde au-dessus de Villard-St-Christophe.

Obs. Cette plante diffère des *O. cyanea* et *pyrenaica*,

dont elle est très-voisine, par sa souche déterminée; de l'*O. montana* par sa villosité abondante cendrée-soyeuse, par les lanières du calice un peu plus courtes seulement et non deux fois plus que le tube, etc., enfin de toutes par la couleur violet-pâle qu'elle prend par la dessiccation.

HIPPOCREPIS (L.).

H. ALPESTRIS (n.). — *H. comosæ* (L.), *glaucæque* (Ten.) satis exacte intermedia : *ubique plus minusve glauca caulibus foliolisque subtus adpresso-pilosis*; stipulis parvis lanceolatis; *pedunculis folio duplo-quadruplo longioribus*; floribus (5-10); *leguminibus sinuatis, articulis paucis* (2-4) minus curvatis quam in *H. comosa* magis quam in *H. glauca, seminibus subcurvatis*.

Flores lutei. — Jul.-aug. ♃.

HAB. Bords du canal d'arrosage entre Cervières et Briançon (l'abbé Faure). (n.)

ONOBRYCHIS (TOURN.).

O. ALPICOLA (n.). — Caulibus humilibus subpaucis humifusis vel prostrato-ascendentibus; racemis parum elongatis; *carina vexillo paulo longiore*, alis brevibus; spinis leguminum omnibus subulatis *marginalibus intermediis crista leguminis sub-duplo longioribus*. — Aug. ♃.

HAB. Lautaret, Taillefer, Mont-Vizo, etc.

PRUNUS (L.).

SECT. **Prunus** (TOURN.).

P. MESPILIFOLIA (n.). — Foliis plerisque grandibus

oblongo-ellipticis versus basin angustatis apice sæpius acuminato-acutis serrato-crenatis subtus *tomentoso-viscosis*; gemmis floriferis subbifloris ramulis ramisque *tomentoso-viscosis*; fructibus majusculis subglobosis. — Fr. aug. ♄.

HAB. Entre la Garde et Huez au-dessus du Bourg-d'Oisans (l'abbé Faure). (n.)

POTENTILLA (L.)

P. SUBNITENS (n.). — *A P. grandiflora* (L.) præcipue differt *foliis pallidioribus sub-concoloribus supra* etiam in statu sicco *non obscure viridibus*; foliolis pro latitudine longioribus, subtus magis sericeo-pilosis, profundius dentatis dentibus magis patentibus *lanceolato-subacutis*; pedunculis pro longitudine *subduplo crassioribus dense incano pilosis*; caulibus crassioribus vulgo humilioribus; petalis brevioribus; carpellis? — Jul.-aug. ♃.

HAB. Passage sur le versant français entre le vallon de St-Véran et le col Agnel (l'abbé Faure) (n.).

ROSA (L.).

SECT. **Coronatæ** (GR.).

R. DIRACANTHA (n.). — *Aculeis validis subrectis elongatis subulatis basi dilatatis*; foliolis glabris ovato-ellipticis apice breviter acuminatis obtusisve *duplicato-dentatis*, petiolo aculeolis glandulisque stipitatis vulgo sparso; *fructu sæpius amplo sphærico vel obscure obovato cum pedunculis glabro; calycis laciniis denique erectis* persistentibus? — Jul.-aug. ♄.

HAB. Sur le chemin d'Arvieux à Château-Queyras (l'abbé Faure) (n.).

R. ALPIPHILA (n.) an SALÆVENSIS (Rap.)? — *Aculeis subvalidis subulatis subrectis paulumve curvatis sat numerosis*; foliolis glabris ovato-ellipticis breviter acuminatis obtusisve *simpliciter* vel passim duplicato *dentatis* dentibus subconniventibus; petiolo glabro vel aculeolis glandulisque subsessilibus vix sparso; *fructu sæpius subamplo ovoideo obovatove cum pedunculis glabro; calycis laciniis denique erectis* persistentibus? appendicibus elongatis terminatis, subtus glandulis stipitatis instructis; stylis villosis brevibus capitato-glomeratis. — Jun.-aug. ♄.

HAB. Saint-Paul-de-Vars allant aux Grandes-Serènes (Basses-Alpes (l'abbé Faure) (n.).

R. PELLUCINA (n.). — Caulibus 5-10 decim. longis pellicula membranacea decidua obtectis; *aculeis gracilibus subulatis rectis* subpaucis; foliolis parvis *rotundato-ellipticis simpliciter dentatis* glabris petiolo glandulis subsessilibus passim sparso; *fructu parvo subrotundo-obovato basi non depresso cum pedunculis satis longis glabro*; calycis laciniis anguste lanceolatis sub integerrimis glabris denique erectis persistentibus; *stylis disco depresso brevioribus*. — Jun.-aug. ♄.

HAB. Saint-Paul-de-Vars allant aux Serènes (Basses-Alpes).

SECT. **Ambiguæ** (GR.).

R. CELSICOLA (n.). — *Aculeis subgracilibus subulatis*

subrectis paulumve curvatis subpaucis; foliolis ovato-ellipticis breviter acuminatis obtusisve *duplicato-dentatis glabris*, petiolo glandulis subsessilibus laxe sparso; fructu ovoideo cum pedunculis glabro; *calycis laciniis patulis* parce pennatis appendice elongata terminatis, subtus glandulis stipitatis instructis; stylis villosis capitato-glomeratis. — Jun.-aug. ♄.

Hab. Bords des sentiers au-dessus de la route entre Villard-d'Arène et le Lautaret (l'abbé Faure) (n.).

R. CHAVINI (Rap.).

Hab. Briançon autour des forts avec le *R. montana*, St-Paul-de Vars (Basses-Alpes) (l'abbé Faure) (n.).

EPILOBIUM (L.).

Sect. **Lysimachion** (Tausch.).

* **Caulis teres, lævis.**

E. HYBRIDUM (n.) pro synonymo an *Palustri-parviflorum* (Michal)? — Cette plante a presque le port, les feuilles et les fleurs de l'*Ep. palustre*; *mais ses stigmates sont libres* quoique peu étalés et forment une petite tête arrondie au lieu d'être soudés et en forme de massue. Ses graines sont plus courtes, plus obovales que fusiformes, et le plus grand nombre stériles. Elle est pubescente dans toutes ses parties. — Jun.-aug. ♃.

Hab. Terres froides: le Pin, prairies marécageuses du Verney immédiatement au-dessous de la maison de campagne du chef d'escadron Dethorey, mon beau-frère, parmi de nombreux pieds d'*Ep. palustre* et *parviflorum*.

E. HYSSOPIFOLIUM (n.). — Caule 1-3 decim. longo, simplici, erecto sæpiusve arcuato-ascendente-erecto *dense foliato foliis sublinearibus* (15-20 millim. longis 3-5 latis) integerrimis vel obscure denticulatis, *basi sessili breviter attenuatis sed non cuneatis exinde usque ad apicem obtusum sensim parumque angustatis*; caule tereti; stigmatibus in clavam coalitis. Stolonibus?

Flores parvi primum albi deinde subrosei. — Jul.-aug. ♃.

HAB. Prairies humides entre Ste-Agnès et Prabert.

** **Caulis teres quidem sed lineis elevatis quatuor vel duabus oppositis decurrentibus notatus.**

E. SCUTELLARIÆFOLIUM (n.). — Ab epilobio tetragono valde differt præcipue : *floribus ante anthesin nutantibus dimidio minoribus*; *ramis intermediis longioribus*; foliis ratione longitudinis latioribus minus dentatis *basi rotundatis obscureve cordatis petiolo brevissimo non limbo decurrentibus.*

Le bouton floral est plus courtement ovoïde, plus brièvement et plus brusquement acuminé ; les graines sont obovales atténuées acutiuscules à la base; la souche est beaucoup plus grêle et plus longuement radicante, mais également dépourvue de stolons. — Jul.-aug. ♃.

HAB. Prairies humides au-dessus de Ste-Agnès, sources au-dessous de Prémol, etc.

SAXIFRAGA (L.).

SECT. **Aizoonia** (TAUSCH.).

S. SULPHUREA (n.). — Pro synonymo (*S. cæsio-ai-*

zoides) (n.). — Caudiculis longiusculis decumbente-ascendentibus *densiuscule tantum foliosis* : foliis subglaucis lineari-oblongis obtusiusculis *subtrigono-compressis pluri-punctatis plus minusve calcareo-crustatis* inferne setuloso-ciliatis, inferioribus vulgo reflexis cæteris subrecurvo-patulis ; caule gracili 5-7 folio 2-6 floro ; *petalis sulphuraceis* ovatis basi attenuatis calyce subduplo longioribus. — Aug. ♃.

Hab. Un peu au-dessus et au-delà du col Isoard à gauche en venant de Cervières. (L'abbé Faure.) R.

Obs. Cette plante se trouve dans l'herbier du Petit-Séminaire de Grenoble.

HERACLEUM (L.).

Sect. **Sphondylium** (Hoffm.).

H. PALMATUM (n.). — Caule parum sulcato ; foliis subtus canescente-hirtis vulgo-pinnatis, segmentis petiolulatis *palmato-profunde 3-5 partitis partitionibus acutissimis interioribus majoribus profunde inæqualiter inciso-lobatis omnibusque serratis* ; ovario pubescente-hirto, fructibus subglabris *obovatis* triente longioribus quam latis ; vittis commissuralibus validis subparallelis mericarpii apicem non attingentibus dimidiaque longitudine paulo brevioribus ; petalis albis bipartitis. — Jul.-aug. ②.

Hab. Vallée de Larche (Basses-Alpes) allant au lac du Lauzannier.

SESELI (L.).

Sect. **Euseseli** (DC.).

S. ATHAMANTICUM (n.). — Caule unico erecto puberulo anguloso-striato ramoso, *ramis patente erectis*; foliis tripinnatis circumscriptione ovato-oblongis, laciniis linearibus, *paribus foliolorum infimis ad costam mediam decussatis; involucro vulgo polyphyllo*, involucelli foliolis *anguste albo marginatis* umbellula brevioribus; *umbellis parvis subhemisphæricis*, radiis (10-15) *brevibus gracilibus undique puberulis*; fructu ovoideo glabro. Flores albi. — Aug.-sept. ♃.

Hab. Château-Queyras : cimetière de la Chapelle.

LASERPITIUM (L.).

L. ALPESTRE (n.). — Planta ubique filamentose laxe hirsuta; foliis tripinnatis vulgo intense glaucis *foliolis subrotundo-obovatis* integris vel bi-trifidis *lobis apice rotundato-obtusis mucronatis*; involucri involucelli foliolis ciliatis; *fructibus oblongis?* junioribus hispidis; vaginis superioribus haud ventricosis.

Planta in loco natali diligentius observanda. — Jul.-aug. ♃.

Hab. Le Queyras entre la Maison-du-Roi et Château.

GALIUM (L.).

Sect. **Eugalium** (Koch.).

* **Fleurs blanches, tiges dressées ou ascendantes ; panicule pyramidale dressée.**

G. SIMPLEX (n.). — Diffère du *G. corrudæfolium*

(Vill.) principalement par sa teinte un peu jaunâtre sur le sec ; par ses tiges toujours courtes (1-2 décim.), *ordinairement simples* ou peu nombreuses ; par ses feuilles verticillées par 6-8, *les inférieures de forme un peu linéaire-obovale* ordinairement moins exactement repliées sur les bords *à nervure pareillement large déprimée et occupant souvent plus de la moitié du limbe*. Ses corolles sont blanches, elles ont de 3 à 4 millim. de diamètre, ses pédicelles de 2 à 4, le fruit ? la panicule est ramassée ovoïde ou ovoïde-oblongue à rameaux courts et étalés-dressés ; sa tige est assez raide dressée un peu arquée ; ses anthères sont ovales. — Aug.-sept. ♃.

Hab. Mont-Cenis au pied des mamelons qui bordent la Cenise du côté qui regarde l'hospice.

G. ERICOIDES (n.). — Plante de 1 à 4 décim., intermédiaire au *G. corrudæfolium* et *cinereum*. Diffère du premier principalement *par sa souche beaucoup plus grêle, par ses tiges plus nombreuses formant des touffes plus épaisses diffuses*, les florales moins raides, ordinairement couchées ascendantes inférieurement ; *par ses feuilles d'un vert beaucoup plus gai* à nervure plus déprimée, moins saillante sur le sec ; *par sa panicule plus lâche, plus étalée, une fois quatre fois plus large* ; par ses fruits brunâtres et non noirâtres ; par ses fleurs plus blanches.

Diffère du second principalement par ses pédicelles assez courts, *par son fruit très-distinctement granuleux, par ses feuilles d'un aspect vert-graminé et non glauque-cendré, à nervure dorsale large et déprimée*, etc. — Jul.-aug. ♃.

Hab. Abriès allant à Malrif sous le hameau du Villard. (L'abbé Faure.) (n.).

** Tiges grêles décombantes ; panicule étalée-diffuse.

G. CENISIUM (n.). — Vel melius? MICROSPERMUM (n.). — *Panicula gracillima* umbellulato semel bis-trichotoma depauperata laxa ; *fructibus parvis* 1/2-1 mill. latis) ferrugineis denique nigricantibus subgranulosis ; foliis approximatis viridibus, siccitate parum flavescentibus 6-8 verticillatis patente-erectis vel patulis linearibus *versus basin sensim angustatis subabrupte acuminato-aristellatis* margine vulgo lævibus in statu sicco *parum vel non nervatis* ; caulibus pusillis, *floriferis paucis sterilibus numerosis gracili-ramosissimis repente-cæspitosis*. Corolla ? — Jul.-aug. ♃.

Hab. Mont-Cenis : pentes escarpées au-dessus des graviers de Ronches. Aug. 1868.

Obs. Cette plante forme des touffes presque aussi gazonnantes et rampantes que le *G. helveticum* avec lequel on l'avait peut-être confondue ; mais ses fleurs distinctement quoique souvent très-courtement paniculées, ses fruits au moins du double plus petits, ses feuilles plus étroites plus longuement mucronées, toutes ses parties plus grêles, sa teinte la ferait facilement reconnaître à qui l'aurait observée une seule fois.

Sect. **Aparinoides** (Jord.).

G. DELPHINENSE (n.). — Panicula subampla elongata divaricata laxa ; *pedicellis elongatis* fructus diametro saltem duplo longioribus ; *fructibus majusculis*

(2 millim. latis) tuberculato-scabris; foliis linearibus *mucronatis* versus basin sensim attenuatis 7-9 *verticillatis* argute uninerviis *margine antrorsum certe non retrorsum aculeolato-scabris* limbo papillosis superioribusve glabris; *caulibus subfirmis erectis vel ascendentibus* 3-6 decim. longis, inferne tantum retrorsum aculeolato-scabris *superne vulgo lævigatis*. — Maj.-jul. ♃.

Hab. Jarrie près Grenoble : fossés et prairies humides entre le village et le lac.

VALERIANA (L.).

V. ISOPHYLLA (n.). — *Caule gracilento* (5-15 cent. longo); *foliis subrotundis glaucescentibus, siccitate fusco-viridibus,* fasciculorum sterilium basi subcordatis truncatisve *nunquam rotundatis, caulinis obtuse obscureque acuminatis*, floralibus bracteisque breviter lanceolatis herbaceis; corymbo terminali dense fasciculato vel denique sublaxiusculo; radice multicipite longe procurrente. Flores rosei vel albi. — Maj.-jun. ♃.

Hab. In locis rupestribus schistis humidis subumbrosisque collium : St-Martin-d'Hères en remontant le torrent au-dessus de l'église.

Obs. Cette plante, qui n'est peut-être qu'une forme de la *V. montana*, s'en distingue cependant assez nettement par sa tige plus grêle et souvent dépassant à peine le faisceau de feuilles stériles, par ses feuilles glaucescentes ne jaunissant pas mais devenant d'un vert noirâtre par la dessiccation, plus manifestement et plus régulièrement dentées, plus petites et presque rondes, celles des faisceaux stériles jamais arrondies à la base, les caulinaires presque semblables aux autres et obscurément acuminées.

KNAUTIA (Coult.).

K. GLANDULOSA (n.). — Planta hirsuta *vulgoque tota plus minusve glandulosa*; ramis paucis suberecto-patulis nullisve ; foliis caulinis pinnatifidis lobo terminali lineari-elongato, ramealibus passim subintegris ; fructu oblongo anguste elliptico (4-5 millim. longo, 2-2 1/2 lato); limbo calycis brevissime pedicellato ; *capitulis parvis*; antheris oblongis flavis. Flores vulgo roseo-violacei. — Jul.-aug. ♃.

Hab. Mont-Vizo entre le rocher croulé et le chalet de Ruines, etc.

K. ALPINA (n.).—Planta hirsuta pubeque brevi dense densiuscule obsita ; ramis erectis ; foliis indivisis, caulinis intermediis inferne superneque subintegerrimis attenuatisque ; fructu *oblongo-sublineari* (6-7 millim. longo, 2-3 lato) *limbo calycis non conspicue pedicellato* ; *capitulis magnis*. Flores vulgo cæruleo-violacei ; *antheræ ovatæ vinolentæ*. — Jul.-aug. ♃.

Hab. Terres cultivées entre Villard-d'Arène et le Lautaret.

K. LATIFOLIA (n.). — Caule procero ; foliis indivisis, caulinis intermediis *late longeque ovatis* (circiter 15 centim. longis, 7-9 latis) *basi rotundata vel truncata amplexicaulibus*, grosse dentatis ; *involucelli margine lævigato sinu profundo in fructus angulos plus minusve excurrente* sinuumque apice quadridentato ; *fructu ovato* (5-6 millim. longo 3-4 lato) ; limbo calycis brevissime pedicellato. — Jul.-aug. ♃.

HAB. Combe de l'Oursière en montant à la cascade sous les bois.

SENECIO (LESS.).

SECT. **Doria** (RCHB.).

S. OBOVATUS (n.). — A *Senecione doronico* (L.) præcipue differt : capitulis longius pedunculatis dimidio vel subduplo minoribus ; *calyculo involucrum dimidium tantum æquante* vel parum superante ; foliis inferioribus semper obovatis in petiolum attenuatis ; *caule minore*. — Jul.-aug. ♃.

HAB. Briançon, Cervières, Mont-Genèvre.

LEUCANTHEMUM (TOURNEF.).

SECT. **Euleucanthemum** (G. G.).

L. LACINIOSUM (n.). — Caule subgracili glabrescente ; foliis inferioribus obovatis oblongove plus minusveque anguste obovatis in petiolum longum attenuatis, superioribus anguste lineari-attenuatis supremis squamiformibus, intermediis superioribusque dentatis inciso-dentatis *versus basinque laciniato-pinnatifidis laciniis inferioribus caulem amplectentibus* ; involucri foliolis anguste subanguste pallideque bruneo-marginatis, exterioribus lanceolatis interioribus linearibus ; *florum disci tubo, facie exteriore tota, in achenium aperte excurrente ; acheniis vulgo omnibus coronula destitutis*. — Jul.-aug. ♃.

HAB. Col de Marcadau (Pyrénées). (L'abbé Faure.)

ACHILLEA (L.).

Sect. **Millefolium** (Tournef.).

A. SERRATA (n.). Cette plante diffère de l'*A. dentifera* (DC.) par sa pubescence laineuse moins abondante ; par ses pédoncules et pédicelles quelquefois plus grêles *mais toujours plus raides* au même degré de maturité de la plante ; par ses feuilles conservant mieux leur couleur verte sur le sec, *beaucoup moins découpées, assez souvent même simplement ailées à pinnules bordées de dents accombantes ou porrigées.* — Jul.-aug. ♃.

Hab. Vallée de Larche, Mont-Viso, la Salette, etc. (abbé Faure) (n.).

CIRSIUM (Tournef.).

Sect. **Onotrophe** (Cass.).

Feuilles non décurrentes.

C. OROPHILUM (n.). — A *Cirsio rivulari* (Link.) præcipue differt : caule subglabro vulgo graciliore, *a basi fere ad apicem foliato* ; foliis mollioribus glabris glabriusculis *subtus glaucis margine multo parcius spinuloso-ciliatis*, segmentis latioribus ovato-lanceolatis ; involucri foliolis minus adpressis angustioribus, exterioribus minus inæqualibus *spinula longiuscula subvulnerante terminatis.* — Aug.-sept. ♃.

Hab. Vallée de Larche montant au lac du Lauzannier.

Obs. Au mois d'août 1871, nous avons trouvé, M. Faure et moi, sur les bords de la route entre Méronne et Larche, deux hybrides monstrueuses du *Cirsium lanceolatum* et du *Carduus nutans*.

L'une, le *Cirsium carduophilum* (n.), en synonyme *lanceolato-nutans* (n.), a le port, les feuilles et les écailles du péricline du *Cirsium lanceolatum*, mais ses capitules sont arrondis subglobuleux à la manière du *Carduus nutans*; ses corolles avortent et sont remplacées par des écailles fines la plupart spinulifères.

L'autre, le *Carduus cirsiophilus* (n.), en synonyme *nutante-lanceolatus* (n.), a le port, les feuilles, le capitule et les écailles du *Carduus nutans*, mais ses corolles avortent pareillement et sont remplacées comme dans l'autre par des écailles fines la plupart spinulifères.

CENTAUREA (L.).

SECT. **Cyanus** (DESP.).

C. SERRATULA (n.). — Capitulo subrotundo quam in *C. scabiosa* majore; appendicibus involucri atratis, nisi supremis triangularibus acutis *subrecurvo-patulis in facie superiore argenteis*, fimbriatis angustioribus quam foliola eaque non occultantibus; fimbriis ciliatis diametrum appendicis transversalem non æquantibus, *penultimis antepenultimisque vulgo brevibus ultimam non æquantibus*; acheniis obovatis, *umbilico rotundo* parce barbato; pappo achenium subæquante; *foliis indivisis* vel ima basi tantum subsinuato-lobatis *oblongis lato-elliptico-lanceolatis* versus basin attenuatis, inferioribus petiolatis. — Aug.-sept. ♃.

HAB. Lautaret entre Prime-Messe et l'Hospice (l'abbé Faure) (n.).

Obs. J'ai trouvé au col de Vars une centaurée voisine du *montana*, mais s'en distinguant principalement à la bordure étroite et aux cils courts des folioles de l'involucre, à ses achènes verdâtres à la maturité et non jaunâtres, à ombilic à peine barbu. Si ces caractères sont constants, on pourrait l'appeler *C. chlorosperma*.

J'ai du Mont-Cenis une autre forme bien distincte par la bordure des folioles du péricline large et à cils assez allongés dépassant ordinairement la largeur de la bordure. Ses achènes sont jaunâtres, étroits, presque régulièrement atténués du sommet à la base qui finit un peu en pointe ; son ombilic est assez fortement barbu : on pourrait l'appeler *C. stenocarpa*.

SAUSSUREA (DC.).

SAUSS. SAXATILIS (n.). — Cette plante, qui n'est probablement qu'une variété de la *S. depressa* (G. G.) des rochers humides, s'en distingue par sa tige presque droite plus élevée (1-2 décim.), plus lâchement feuillée, à feuilles plus glabrescentes, plus molles, plus allongées, les radicales souvent assez larges. — Aug.-sept.

Hab. Fentes des rochers humides au-dessus du lac Blanc (Grandes-Rousses) (l'abbé Faure) (n.).

TRAGOPOGON (L.).

TR. PERPUSILLUS (n.). — *Pedunculis æqualibus* sub capitulo non conspicue incrassatis ; involucro pentaphyllo floribus breviore ; acheniis marginalibus rostro filiformi paulo longioribus *obsolete tuberculato-scabris vel sublævigatis* ; foliis e basi parum dilatata lineari-subulatis; caulibus perpusillis. *Flores flavi.* — Jul.-Aug.

Hab. St-Paul de Vars (Basses-Alpes).

HIERACIUM (L.).

Sect. **Pilosella** (Fries).

* **S.-Sect. Pilosellina (Fries).**

H. BIFLORUM (n.) pro synonymo CHAMÆAURANTIACO-AURICULA (n.) an H. FURCATUM (Hopp.)? — *Caudice obliquo stolonibus gracilibus elongatis squamosis prostratis instructo*; caule subunifolio pilis elongatis gracilibus parce hirsuto superne stellulato-canescente pilisque glanduliferis obsito *furcato-bifloro* raro unifloro, *pedunculis erectis* 6-12 *centim. longis*; capitulis magis rotundatis et vulgo paulo majoribus quam in *H. chamæaurantiaco* (n.); involucri modice hirsuti *foliolis acutis*; foliis exterioribus obovatis interioribus elliptico-lanceolatis in petiolum angustatis, pilis elongatis gracilibus pubeque stellulata laxe obsitis; ligulis aurantiacis. — Jul.-aug. ♃.

Hab. Grandes-Rousses: prairies au-dessus de Clavans; du col de Clavans aux bords de Sarrène (l'abbé Faure). R.

H. FLORENTOIDES (n.) pro synonymo FLORENTINO-PILOSELLA? — Ab *H. fallacino* (F. Sch.) differre videtur præcipue: *capitulis minoribus* majoribus tamen quam in *H. florentino* (All.); *stolonibus* (in speciminibus a me visis) *semper deficientibus*; foliis lanceolatis vel lineari-lanceolatis; *pubescentia stellulata præsertim caulina multo laxiore*; præterea ramo inferiore non raro deficiente, caulis apice tantum anthelam brevem profert. Flores sulphurei. — Jul.-sept. ♃.

Hab. La Morte sous Taillefer ; Séchilienne en Oisans.

** S.-Sect. Cymella (Fries).

H. MULTIFLORUM (n.) an Schl.? H. SABINUM (G. G.) (non Seb. Maur.) H. CYMOSUM (Vill.). — Caudice obliquo stolonibus destituto ; caule simplici pilis elongatis gracilibus hirsuto, inferne folioso, superne cum pedunculis et involucro stellulato-canescente *pilisque glanduliferis obsito* ; involucri hirsutissimi foliosis acutis ; capitulis (5-20) parvis *umbellato-congestis* ; pedunculis uni-trifloris 1-2 centim. longis ; foliis lanceolato-ellipticis oblongisve in petiolum angustatis, pilis elongatis gracilibus hirsutis laxeque stellulato-incanescentibus ; ligulis vulgo (saltem in speciminibus a me visis) plus minusve aurantiacis. — Jul.-aug. ♃.

Hab. Lautaret.

H. CHAMÆAURANTIACUM (n.). — Caudice obliquo stolonibus destituto ; caule simplici pilis elongatis gracilibus hirsuto, inferne folioso superne cum pedunculis et involucro stellulato-canescente *pilisque glanduliferis obsito* ; involucri hirsutissimi foliolis acutis ; capitulis (5-30) *duplo majoribus quam in H. multifloro, cymoso-fasciculatis* ; *pedunculis bi-quinti floris* 3-8 *centim. longis* ; foliis lanceolato-ellipticis oblongisve in petiolum angustatis, pilis elongatis gracilibus hirsutis laxeque stellulato incanescentibus ; ligulis vulgo aurantiacis. — Jul.-aug. ♃.

Hab. Grandes-Rousses ; Mont-Cenis, etc.

H. PANICULATUM (n.). — Caudice obliquo stolonibus vulgo destituto; caule pilis elongatis gracilibus hirsuto inferne folioso superne cum pedunculis et involucro dense stellulato-canescente *pilisque glanduliferis obsito* involucri (in speciminibus a me visis) pilis albis basi atris *parum hirsuti* foliolis acutis; capitulis (10-30) aperte majoribus quam in *H. multifloro, furcato-paniculatis*; *ramis* (2-3) *erecto-ascendentibus non raro a medio vel sub medio caulis incipientibus bi-quinti floris 4-20 centim. longis*; foliis lanceolato-oblongis in petiolum longiusculum attenuatis, pilis elongatis gracilibus hirsutis præsertimque subtus dense stellulato-incanescentibus; ligulis flavis. — Jul. ♃.

HAB. Lautaret; Chanrousse sur Séchilienne.

OBS. Hic, secundum doctissimum professorem Faure, *H. hybridum* (Chaix) vere agnoscendum.

H. CAPITATUM (n.). — Caudice? caule pilis elongatis gracilibus hirsuto, inferne folioso superne cum pedunculis et involucro dense stellulato-canescente *pilisque glanduliferis obsito*; *involucri parcissime hirsuti foliolis subobtusis*; capitulis (10-30) *cylindricis minimis subduplo minoribus quam in H. multifloro, umbellato-congestis*; pedunculis bi-quinti floris 1-2 centim. longis; foliis lanceolato-linearibus in petiolum longiusculum attenuatis pilis elongatis gracilibus hirsutis stellulatoque incanescentibus. Ligulis? — Jul. ♃.

HAB. Entre Ville-Vieille et Molines, à droite en montant avant d'arriver aux colonnes coiffées.

H. UMBELLULIFERUM (n.). — Caudice descendente stolonibus destituto; caule simplici pilis parum elongatis gracilibus nisi inferne parcissime hirsuto *uni vel bi-folio*, superne cum pedunculis et involucro stellulato-canescente *pilisque glanduliferis obsito*; involucri parce hirsuti *foliolis subobtusis*; *capitulis* (3-10) *majoribus quam in H. multifloro, umbellulato-congestis*; pedunculis uni tri-floris circiter 1 centim. longis; foliis lineari-lanceolatis in petiolum angustatis interioribus acutissimis, pilis longiusculis gracilibus hirsutis laxeque stellulato-incanescentibus; ligulis flavis. — Jun.-jul. ♃.

HAB. Alpes calcaires : sommet du St-Eynard près Grenoble, etc.

H. CORYMBULIFERUM (n.). — **H. ANGUSTIFOLIUM** (Hopp. Vill.) pro parte. — Caudice obliquo vel descendente stolonibus carente; caule simplici (1-4 decim. alto) pilis elongatis gracilibus hirsuto superneve fere destituto, *uni vel bi-folio* superne cum pedunculis et involucro stellulato-canescente *pilisque glanduliferis obsito*; involucri vulgo hirsutissimi foliolis acutis subacutisve; capitulis (3-15) aperte *majoribus quam in H. multifloro, corymbuloso rarius umbellulato congestis*; pedunculis uni tri-floris 1-2 raro 3 centim. longis; foliis lineari-lanceolatis in petiolum angustatis pilis longis longiusculis gracilibus hirsutis densiusculeque stellulato-incanescentibus; ligulis flavis.—Jul.-aug. ♃.

HAB. Toutes les Alpes granitiques et schisteuses du Dauphiné et du Mont-Cenis, etc.

H. CORYMBULOIDES (n.) pro synonymo **AURICULA CORYMBULIFERUM** (n.), **H. ANGUSTIFOLIUM** (Hopp. Vill. Koch) pro parte. — Cette plante diffère du *H. co-*

rymbuliferum (n.) principalement *par sa souche souvent munie de courts stolons feuillés*; par sa tige aphylle ou monophylle toujours très-peu ou non hérissée; par ses feuilles toutes de forme obscurément spatulée ou au moins un peu obovale, presque dépouillées de pubescence étoilée et pourvues seulement à la base de poils sétiformes; par ses capitules peu hérissés ordinairement moins nombreux (2-5), de forme plus arrondie et à folioles un peu plus obtuses. — Jul.-aug. ♃.

HAB. Les Alpes; mais beaucoup plus rare que le précédent avec lequel on le trouve confondu: Grandes-Rousses, etc.

H. AURANTIACOIDES (n.) pro synonymo AURICULA-CHAMÆAURANTIACUM (n.). — Diffère du *Corymbuloides* (n.) par ses stolons plus robustes, par sa tige plus élevée; par ses feuilles plus larges, plus longues; par ses capitules un peu plus gros et plus nombreux (3-10) en corymbe simple ou double; par les folioles du péricline subaiguës. — Jul.-aug. ♃.

HAB. Les Grandes-Rousses; Mont-Cenis.

OBS. Les *H. corymbuloides* et *aurantiacoides* (n.) diffèrent de l'*auricula* principalement par leur souche plus forte, moins rampante, à stolons moins grêles, plus feuillés, beaucoup plus courts et qui manquent souvent; par leur tige plus ferme, par leurs capitules plus nombreux; par la pubescence étoilée semée quoique très-légèrement sur les feuilles, très-abondante sur la tige qui est en même temps un peu hérissée.

SECT. **Aurella** (FRIES).

H. CHLORÆFOLIUM (n.) en synonyme VILLOSO-

GRENIERIANUM (n.). — Cette plante des Alpes calcaires de St-Nizier près Grenoble diffère du *H. villosum* qui croît dans les mêmes localités par ses capitules d'un tiers plus petits à folioles beaucoup plus appliquées; par ses tiges dépourvues de villosité simplement étoilées-farineuses; par ses feuilles glabres en dessus, lâchement velues en dessous, ainsi que les folioles aiguës du péricline, les caulinaires ovales acuminées-cuspidées arrondies à la base, brusquement pétiolulées ou sessiles. — Jul.-aug. ♃.

Sect. **Cerinthoidea** (Fries) ?

H. INTERTEXTUM (n.). — Caule passim rubello 2-4 decim. longo bi-pluri-cephalo subcorymboso sub-unifolio aphyllove pilis longis gracilibus flexuosis *mox deciduis glandulæ sessili persistenti insidentibus obsito*, præterea superne cum pedunculis et involucro *pilis brevioribus magis persistentibus glanduliferis intermixtis subvilloso stellulatoque incanescente*; foliis oblongis elliptico-lanceolatis lanceolatisve denticulatis vel dentatis supra glabris præsertim petiolo pilis longis gracilibus flexuosis intertextis persistentibus densissime villosis. *Ligulis ciliatis.* — Jul.-aug. ♃.

Hab. Col de Vars (l'abbé Faure).

H. SQUALIDUM (n.). — Cette plante, qui habite les Alpes granitiques de Revel et de Belledonne, s'éloigne du *H. villosum* principalement par sa villosité plus courte et moins abondante mêlée de roussâtre non ou peu glanduleuse mais visqueuse, par sa tige plus nerveuse, par ses capitules plus petits, par ses ligules distinctement ciliées. C'est très-probablement une hybride dont le *H. villosum* est l'un des parents. — Jul.-aug. ♃.

SECT. **Andryaloidea** (FRIES).

H. LANATELLUM (n.) pro synonymo LANATO-INCISUM INCISO-LANATUM (n.). — *H. chloropsis* (G. G.) pro parte. — Ab *H. lanato* (Vill.) præcipue differt : lana totius plantæ plus minusve sæpius multo rariore ; caulibus plus minusve sæpe multo gracilioribus ; capitulis dimidio vel subduplo minoribus ; foliis mollioribus formose elliptico-lanceolatis utrinque subæqualiter attenuatis ovatis lanceolatisve præcipue inferne subulato-denticulatis vel dentatis etiam subsinuato-incisis vulgo longius petiolatis in pagina superiore sæpe glabris glabriusculis. — Jul.-aug. ♃.

HAB. Mont-Viso entre le rocher croulé et le chalet de Ruines ; vallon de Ruines ; col Isoard au-dessous de l'hospice ; Malrif ; Mont-Genèvre en suivant un raccourci sous les bois, etc. — A. C.

OBS. Nous avons la conviction que cette plante, quoique assez répandue dans nos Alpes, est un produit hybride du *H. lanatum* dont elle a souvent le port, quoique plus grêle, et d'une forme de la section *murorum*, peut-être le *H. incisum* (Koch.). Elle est assez polymorphe et présente de nombreux intermédiaires entre ces deux plantes ; de telle sorte qu'il est quelquefois assez difficile de distinguer ses formes extrêmes des parents. Ses feuilles sont souvent tachées.

H. PSEUDOLANATUM (n.) fortasse pro synonymo LANATO-MURORUM. — Ab *H. lanato* (Vill.) præcipue differt : pilis minus aperte plumosis caulinis multo rarioribus, pube autem stellulata densiore ; caule longiore vulgo graciliore inferne rarissime ramoso superne passim fere ut in *H. murorum* paniculato-corymboso ; foliis minoribus præcipue inferne etiam profundiuscule dentatis, longius petiolatis, caulinis lanceolatis ; capitulis paulo minoribus. -- Jul.-aug.

Hab. Talus des sentiers au-dessus de la route entre Villard-d'Arène et le Lautaret ; Lautaret entre le ruisseau du Galibier et celui des Trois-Evêchés (l'abbé Faure), (n.).

Obs. Cette plante au premier abord a le même aspect laineux sur toutes ses parties que le *H. lanatum* (Vill.).

Sect. **Oreadea** (Fries).

H. FISTULOSUM (n.).—Ab *H. Jacquini* (Vill.) præcipue differt : foliis oblongo-lanceolatis rarius oblongo-ellipticis, utrinque subæqualiter attenuatis, inciso-dentatis, caulinis numerosioribus sensim decrescentibus minus dentatis integerrimisve ; *caule vulgo stricte-erecto simplici unifloro* vel profundissime furcato bi-paucifloro, *pedunculis stricte-erectis sæpe sub capitulo cano-hirsuto, fere ut in Leontod. pyrenaico incrassato-fistulosis* ; pilis glanduliferis ubique sparsis multo rarioribus ; involucri foliolis acutis subacutisve laxe adpressis ; ligulis glabris *intensius flavis stylis pulchre luteis*. Hoc in statu sicco virorem constanter servare videtur, dum *H. Jacquini* sæpissime flavescit ; an hybridum ? — Jun.-jul. ♃.

Hab. St-Nizier sous les Pucelles et autour d'une carrière de molasse sur le chemin de Lans.

Sect. **Vulgata** (Fries)?

H. CIRROCEPHALUM (n.). — *Caule monocephalo vel furcato-bi rarius quadricephalo*, subunifolio aphylleve superne cum pedunculis pube stellulata canescente, cum pedunculis et involucro pilis glanduliferis sparsim obsito præsertimque *involucro plus minusve villoso*; foliis plus minusve pilosis *dentatis denticulatisve* dentibus patulis vel porrectis, lanceolatis elliptico-lanceolatis oblongisve *in petiolum densiuscule pilosum* attenuatis, caulino brevius; capitulis inæqualiter pedunculatis *primario non raro subsessili, defloratis ventricosis*; pedunculis bractea fultis superne vix squamosis; *ligulis vulgo semi-abortivis* mox plicato-cirratis periclynium parum superantibus; stylis pulchre vel sordide flavis denique proeminentibus. — Jun.-aug. ♃.

Hab. Cascade de l'Oursière, les Sept-Laus, Taillefer, Mont-Thabor au-dessus de Villard St-Christophe, Lautaret, etc. (l'abbé Faure) (n.).

H. ARMERIOIDES (n.). — *Caule monocephalo vel furcato-bi-olygocephalo, aphyllo*, superne cum pedunculis pube stellulata *dense canescente*, cum pedunculis et involucro pilis glanduliferis sparsim obsito præsertimque involucro *pilis canis basi atris villoso*; foliis glabris vel parce pilosis *integerrimis* obscureve denticulatis lanceolatis *non raro acuminatis* in petiolum sensim attenuatis; capitulis inæqualiter pedunculatis *defloratis ventricosis*; pedunculis bractea fultis superneque squamosis; *ligulis vulgo semi-abortivis* mox plicato-cirratis periclynium parum superantibus; stylis bruneis denique proeminentibus. — Jul.-aug. ♃.

Hab. Lautaret sur les mamelons au-dessus de l'hospice; Mont-Cenis sur les mamelons aux bords de la Cenise; Malrif en suivant les canaux et allant au col des Thurres, etc.

H. NIGRITELLUM (n.). — *Caule monocephalo vel furcato-bi-tri-cephalo* subunifolio aphyllove, superne cum pedunculis pube stellulata canescente, cum pedunculis et involucro *pilis glanduliferis basi aterrimis vulgo dense obsito* sæpeque præsertim involucro *plus minusve villoso*; foliis *pilosis* lanceolatis obovatisve in petiolum vulgo brevem raro subelongatum attenuatis *integerrimis* obscureve denticulatis, caulino subsessili; *capitulis defloratis ventricosis*; pedunculis bractea fultis superneque squamosis; ligulis passim abortivis *sæpiusve normalibus*; stylis brunescentibus. — Jul.-aug. ♃.

Hab. Lautaret sur les mamelons au-dessus de l'Hospice; Malrif en suivant les canaux et allant au col des Thurres, Mont-Viso, val Agnel, etc. (l'abbé Faure), (n.).

Obs. Ces trois *Hieracium, cirrocephalum armerioides et nigritellum*, que l'on trouve assez abondamment dans nos Alpes, sont des hybrides; nous présumons même que le *H. glanduliferum* est l'un des parents dans les trois cas; mais, malgré toutes nos recherches, nous ne sommes point encore assez sûrs des autres pour assigner à ces plantes en synonymes des noms en rapport avec la nomenclature Schiede; nous disons en synonymes, simplement pour faciliter les recherches, car nous osons espérer que cette nomenclature barbare ne prendra point le premier rang sur celle si simple et si belle de Linné.

On comprendra que toute espèce, même hybride, a droit à un nom unique qui la distingue non pas seulement de telle ou telle autre, mais du reste de la création, et que, faire prévaloir cette nomenclature, ce serait revenir au moins en partie aux appellations interminables d'un autre temps, qui fatiguaient autant l'oreille que l'esprit et composaient un vocabulaire informe, sorte de chaos dont le grand Linné a eu la gloire de nous délivrer.

SECT. **Aurella** (Fries). Bis.

H. GRENIERIANUM (n.), H. POLITUM et LEUCOPHÆUM (G. G.). — Cette plante se distingue au premier aspect du *H. glaucum* par la *pubescence-étoilée-farineuse qui couvre ses pédoncules et souvent la plus grande partie de sa tige*. En outre, elle est plus forte proportionnément ; ses pédoncules sont plus renflés sous les calathides qui sont elles-mêmes plus grosses ; les folioles du péricline sont moins obtuses, *les intérieures aiguës ou subaiguës*, elles sont quelquefois poilues en dehors ; ses feuilles caulinaires sont plus nombreuses et proportionnément plus larges, plus grandes, quelquefois beaucoup plus, ainsi que les radicales plus généralement et plus fortement dentées, ciliées-velues ou glabres.

Cette plante s'éloigne peu de la description que donne Koch du *H. speciosum* (Hornem.).—Jul.-aug. ♃.

HAB. Alpes calcaires : St-Nizier, Engins, Lans, etc.

PINGUICULA (TOURNEF.).

P. AURICOLOR (n.). — Cette plante n'est très-probablement qu'une variété du *P. alpina*. Elle est plus grande dans toutes ses parties; l'éperon de la corolle est plus large, plus comprimé, ordinairement bi-quadritenté au sommet; le lobe du milieu de la lèvre inférieure est marqué d'une belle tache jaune obovale ou bilobée, le couvrant en majeure partie. — Apr.-maj. ♃.

Hab. In turfeis: le Jappin sur Murianette près Grenoble.

PRIMULA (L.).

Sect. **Primulastrum** (Dub.).

P. GLABRESCENS (n.). — Planta subtile pubescente *pilis diametro transversali pedicelli brevioribus*, exceptis foliorum petiolis pedunculorumque basi sæpe subvillosis; foliis ovalibus obovatisve in petiolum *plerumque subabrupte attenuatis*; pedunculis folia vulgo superantibus; pedicellis calyce brevioribus subæquantibusve; *calyce angulis viridi modice inflato* capsulæ maturæ adpresso; capsula dentes calycis denique vulgo superante. Corolla? — Ap.-maj. ♃.

Hab. In pratis humidis: St-Nizier près Grenoble.

GENTIANA (Tournef.).

G. MEDIA (n.) pro synonymo LUTEO-BURSERI (n.). — Floribus verticillatis, inferioribus pedunculatis; *corollis ad medium vel vix ultra 6-7 fidis*; tubo corollæ campanulato; antheris liberis; calyce dimidiato-spathaceo. Flores lutei fusco punctati; foliis ellipticis nervosis, floralibus acuminato-attenuatis. — Aug. ♃.

Hab. Col de Vars.

Obs. — Plante exactement intermédiaire dans toutes ses parties entre le *G. lutea* et le *G. burseri*, en compagnie desquelles je l'ai découverte.

CERINTHE (Tournef.)

C. PYRENAICA (n.). — Cette plante se distingue du *C. alpina* des Alpes calcaires du Dauphiné principalement par sa corolle presque une fois plus grande et cependant dépassant moins le calice, à lobes ovales obtus et non triangulaires subaigus, pareillement réfléchis en dehors ; par les lanières du calice sublinéaires-oblongues et non lancéolées, etc.

Hab. Pyrénées. Herbier J.-B. Verlot.

Obs. Le *Cerinthe* des Alpes du Lautaret et du Mont-Cenis, etc., n'est certainement pas le *C. minor* de Koch qui est une plante annuelle ou au plus bisannuelle et dont les fleurs ordinairement non tachées sont une fois plus petites. Est-ce le *C. minor* de Linné ? Bien que l'illustre auteur du *Species* dise sa plante vivace, je n'ose croire qu'elle soit la même que la nôtre, à cause des localités citées. Quoi qu'il en soit, il paraîtrait, d'après le très-judicieux M. J.-B. Verlot, que c'est bien la plante désignée par Allioni sous le nom de *C. maculata*. Mais ce nom ayant été appliqué successivement à des espèces différentes, on pourrait, pour éviter toute confusion, appeler la nôtre *C. Allionii*.

MYOSOTIS (L.).

§ Calyces pilosi, pili patuli et in basi patentissimi atque in uncum recurvati.

M. DISCOLOR (n.). — Plante de 2 à 5 décim.; tiges hérissées rameuses; feuilles assez grandes; pédicelles étalés plus courts ou plus longs que le calice; *tube de la corolle à la fin une fois plus long que le calice*; carpelles largement ovales subaigus noirs luisants distinctement marginés et carénés sur une face au sommet seulement; *étamines incluses*, style égalant presque le tube de la corolle. *Fleurs assez grandes à limbe à la fin bleu.* Plante presque de même taille, mais moins raide, moins forte que notre *M. nemorosa*; les poils du tube calicinal sont également étalés-réfléchis et courbés en hameçon au sommet; sa souche n'est pas vivace. — Ap.-jun.

HAB. Terrains calcaires ombragés: Balmes de Fontaine, etc.

M. NEMOROSA (n.) an SYLVATICA auct.? non G. et G. nec Bor. ex description. — Cette plante est bien voisine du *M. alpestris*; elle s'en distingue par sa taille généralement plus forte et plus grande; par ses poils plus longs, plus abondants, plus étalés, *ceux du tube calicinal tous étalés-réfléchis et courbés en hameçon au sommet*; par ses carpelles *subaigus plus largement bordés et plus visiblement carénés sur une face*; racine vivace. — Jun.-jul. A. C.

HAB. Prémol, Saint-Ange, cascade de l'Oursière, etc.

OROBANCHE (L.).

O. CIRSII (n.). — Spica laxa sub 15-30 flora; bracteis corolla brevioribus; *sepalis uni-pauci nerviis anguste lanceolatis* acuminatis subulato-attenuatis tubo corollæ brevioribus integris vel antice dente auctis, *distantibus etiam basi non contiguis*; corolla campanulata dorso arcuata extus labioque superiore intus pilis brevibus glandulosis glandulæque purpureæ insidentibus conspersa; labiis inæqualiter denticulatis margine subglandulosis, superiore emarginato lobis porrectis? lacinia intermedia labii inferioris paulo majore; staminibus prope basin corollæ insertis *glabris* ima basi sparsim pilosis apice styloque subglandulosis; corolla ochroleuca superne violaceo tincta; stylo apice violaceo, stigmate castaneo. Flores male olentes. — Jul.-aug. ♃.

HAB. In radicibus cirsii arvensis parasitica: montée de Laffrey; Nantes-en-Rattier.

O. LACTUCÆ (n.). — Planta parce breviterque pubescente glandulosa; spica conferta denique sublaxa; bracteis sepalisque *plurinerviis* tubo corollæ paulo brevioribus; sepalis ovato-lanceolatis subulato-acuminatis integris vel inæqualiter bifidis; *corolla tubulosa in medio dorsi coarctata curvataque* fauce subdilatata brevissime sparsimque glandulosa; labiis inæqualiter denticulatis margine glabris superiore emarginato lobis porrectis? laciniis labii inferioris subæqualibus porrectis? staminibus in medio tubi insertis *glabris* antheris emarcidis niveis, stylo subglabro, stigmate recenti albido; corolla ochroleuca superne violaceo tincta. — Aug. ♃.

Hab. In radicibus lactucæ perennis parasitica : Briançon autour des forts (l'abbé Faure) (n.).

VERONICA (Tournef.).

Sect. **Chamædrys** (Koch.).

V. LINASTRUM (n.). — Caule erecto gracili 5-20 centim. longo, nodis infimis vix vel non radicante ; foliis ellipticis lanceolatisve acutiusculis *integerrimis inferioribus in petiolum plus minusve contractis vel attenuatis superioribus sessili-amplexicaulibus* ; *racemis alternis* rariusve oppositis ; capsulis suborbicularibus minute emarginatis. — Jun. ⊙.

Hab. Terres-froides : marais des Avenières.

Sect. **Omphalospora** (Bess.).

Fleurs en grappe feuillée ; pédoncules recourbés après la floraison ; tiges couchées.

V. ALPIPHILA (n.). — A *V. didyma* (Ten.) præcipue differt : *capsulæ profundius emarginatæ lobis ad suturam subcompresso-carinatis stylo non superatis* ; a *V. agresti* (L.) : *capsula dense pubescente-glandulosa, calycis laciniis aperte nervosis, foliis subrotundis* ; a *V. opaca* (Fries) : *staminibus margini inferiori tubi insertis, capsula minus aperte breviore quam lata.* — Jul.-aug. ⊙.

Hab. Abriès allant à Malrif sous le hameau du Villard (l'abbé Faure).

LINARIA (Tournef.).

Sect. **Linariastrum** (Chav.).

Rameaux florifères dressés.

L. AFFINIS (n.). — *Floribus mediocribus* (cum calcare 20 millim. longis) spiciformi-racemosis; *rachi pedunculisque glabris*; bracteis angustis linearibus *erectis*; calycis laciniis sublanceolato-linearibus *tubo corollæ parum brevioribus*; corolla albido-citrina *lilacino obscure striata* palato crocea; *calcare conico-subulato subrecto* vel vix curvato *corollam subæquante*; capsula? foliis sparsis vel inferne subverticillatis anguste linearibus acutis basi attenuatis glaucescentibus; caulibus 5-8 decim. longis superne ramosis totis glabris. — Maj.-jun. ♃. — *Antirrhino dubio* (Vill.) non optime convenire videtur.

Hab. Champ-Ruti sur St-Nizier d'Uriage près Grenoble.

EUPHRASIA (L.).

E. GYROFLEXA (n.). — *Caule arcuato vel flexuoso-erecto ramosissimo*; *ramis gracilibus elongatis arcuato-flexuosissimis*; racemis fere a basi incipientibus *interrupto-laxissimis* foliatis; foliis ovatis basi cuneatis utrinque 2-4 cuspidato-dentatis, inferioribusve tantum acute-dentatis; calycis laciniis anguste subulatis capsulam subemarginatam paulo superantibus bracteamque subæquantibus. Corolla alba striata palato lutea, majuscula. — Jul.-sept. ⊙.

Hab. Entre la Garde et Huez: lieux humides.

E. VISCIDA (n.). — *Caule pubescente-viscoso vulgo stricte-erecto simplici* rarove inferne ramis paucis erectis aucto ; racemo inferne interrupto superne densiusculo; *foliis dense glandulosis* subrotundo-ovatis basi contracto-petiolulatis sessilibusve, utrinque 3-6 dentatis, dentibus in foliis inferioribus obtusis obtusiusculis in superioribus acutis vel breviter cuspidatis ; calycis laciniis lanceolato-subulatis capsulam subemarginatam paulo superantibus bractea brevioribus. Corolla?—Jul.-sept. ⊙.

Hab. Grandes-Rousses ; Mont-Viso, etc.

Obs. Hujus speciei peracta descriptione, *E. hirtellam* (Jord.) nihil aliud esse agnovi, nomen idcirco a me impositum delendum.

E. VERONICASTRUM (n.). — *Subeglandulosa longiuscule pubescente*; caule stricte erecto sæpiusve arcuato vel flexuoso-erecto simplici vel ramis paucis ascendente-erectis aucto ; racemo inferne interrupto superne densiusculo ; *foliis grandiusculis* (10-15 millim. longis, 8-12 latis) subrotundo-ovatis basi contracto-petiolulatis pubescentibus utrinque 3-6 dentatis, dentibus obtusis acutis vel brevissime cuspidatis ; calycis laciniis lanceolato-subulatis capsulam emarginatam æquantibus paulove superantibus bractea multo brevioribus. Corolla ? — Jul.-sept. ⊙.

Hab. Combe de l'Oursière.

RHINANTHUS (L.).

RH. MEDIUS (n.). — Corolla ut in *Rh. majore* magna *tubo recto* ; dente in utroque latere labii superioris ovato cœruleo ; bractearum dentibus inferioribus vulgo longe subulatis; *seminibus rugosis* alatis; caule pubescente-hirto. — Aug. ☉.

Hab. Mont-Viso entre le rocher croulé et les Grands-Chalets.

THYMUS (Benth.).

TH. CALAMINTHOIDES (n.). — Caudice suffruticoso; *caulibus ascendente-erectis cano-pilosis*; foliis lanceolatis lanceolatove linearibus versus basin angustatis canescente pilosis subtus nervosis; verticillis multifloris primum capitatis deinde laxe laxissime racemosis; *pedicellis denique longitudine calycis*; tubo corollæ obconico; stylo exserto staminibus non raro inclusis. Flores rosei. — Jul.-sept. ♃.

Hab. Entre Cervières et Briançon; St-Paul de Vars (Basses-Alpes) (l'abbé Faure) (n.).

STACHYS (L.).

Sect. **Eustachys** (Gr.).

ST. CRISPA (n.). — Verticillis 6 floris; caule erecto vulgo simplici pilis deflexis hispido; foliis subtus pubescente-velutinis supra pubescentibus, *omnibus breviter petiolatis lanceolato-oblongis* (triente angustioribus quam in *St. palustri*) *basi rotundatis superioribusve subemarginato-truncatis* apice obtusis obtusiusculis, grossiuscule crispeque crenato-serratis; corollis calyce duplo longioribus. *Flores dilute purpurei* labio inferiore lineolis albis flexuosis picti. — Jul.-aug. ♃.

Hab. Lac desséché de Jarrie. R.

TEUCRIUM (L.).

SECT. **Polium** (BENTH.).

T. ALPINUM (n.). — A *Teucrio montano*, cui propinquissimo, differre videtur præcipue : toto magis puberulo ; *capitulis vulgo paucifloris sublaxis* ; *dentibus calycis triangularibus breviter acuminato-subulatis* ; corollæ lobis latioribus. An non nihilominus tantum varietas sit ulterius in statu vivo diligenter inquirendum. — Jul.-aug. ♃.

HAB. Combe de Ruines entre le second Chalet et la Brèche.

PLANTAGO (L.).

SECT. **Coronopus** (TOURNEF.).

P. STYLOSA (n.). — Diffère du *Plantago alpina* principalement par ses épis plus pâles de couleur cendrée, par la corolle *dont les lobes ne sont pas seulement aigus mais acuminés ainsi que les bractées saillantes avant l'anthèse, par ses styles ordinairement très-allongés et très-velus, par sa capsule subacuminée* et poilue au sommet, tandis que dans le *Pl. alpina* elle est obtuse et glabre ou presque glabre ; *par ses feuilles plus molles*, plus étroites *et à nervures équidistantes*. — Jul.-aug. ♃.

HAB. Mont-Cenis entre Lanslebourg et le col.

ATRIPLEX (TOURNEF.).

A. UCENICA (n.). — Caule erecto herbaceo ; racemis gracilibus terminalibus axillaribusque ; *foliis sub-*

concoloribus viridibus subpulverulente glaucescentibus satis longe petiolatis, inferioribus *subcordato-triangulari-ovatis obtusis* superioribus ovato-lanceolatis lanceolatisve submucronatis; perigoniis fructiferis *ovatis* dense pulverulentis *minoribus quam in A. microtheca* integerrimis ad basin usque bipartitis. — Aug.-sept.

HAB. Entre la Garde et Huez au-dessus du Bourg-d'Oisans.

SALIX (TOURNEF.).

S. FRIGENS (n.) an HYPERBOREA (Anders.)? — *Fruticulo humili*; *ramis annotinis glabris glabriusculis*; amentis breviter pedunculatis foliis paucis suffultis; capsulis glabris pallide virentibus ovoideo-acuminatis breviter pedicellatis; *nectario pedicellum subæquante vel paulo superante*; stylo elongato sæpe ad medium usque fisso; stigmatibus emarginatis vel bifidis; foliis glabris lanceolatis (circiter 3 centim. longis 1 latis) parce serrulatis subtus intense glaucis; stipulis semiovatis subnullisve; *squamis parce niveo-barbatis*. An non tamen *S. Hastatæ* varietas? — Jul.-aug.

HAB. Mont-Viso sous le col vieux.

S. DEVESTITA (n.). — A *Salice glauca* differre videtur: amentis densioribus vulgoque brevioribus; squamis parce villosis; *capsulis constanter angustis tomento multo breviore obsitis, longius pedicellatis pedicello in capsulis inferioribus nectario non raro duplo longiore*; foliis ut in var. glabrescente, *nunquam dense sericeo-villosis* subtus vulgo intensius glaucis. An non nihilominus varietas? — Jul.-aug.

Hab. Lautaret allant au Galibier : prairies humides (l'abbé Faure) (n.).

ORCHIS (L.).

§ **Bracteæ 3-plurinerviæ et vel infimæ vel omnes simul reticulato-venosæ. Tubera indivisa.**

O. BILOBA (n.) an LAXIFLORA (Lam.)? — Spica elongata valde laxa vulgo sub 10-15 flora ; *ovario elongato* ; labello late obovato bilobo lobis mox retroflexis antice rotundatis sinu lato quadrato separatis, vel obscure trilobo lobo intermedio brevissimo truncato *basi nunquam cuneato* ; calcare cylindraceo-compresso apice non raro bifurco horizontali vel ascendente ovario breviore ; perigonii laciniis exterioribus lateralibus mox retroflexis ; bracteis lanceolato-linearibus tri-plurinerviis ovario longioribus brevioribusque ; caule anguloso superne angulis non raro papillose hispido ; foliis lanceolato-linearibus nervosis supra canaliculatis ; tuberibus indivisis ovoideis.

Flores purpurei *macula lacteola faucem mediumque labelli operiente notati*. — Maj. ♃.

Hab. In pratis humidis regionum subalpinarum : Pinet, St-Martin-d'Uriage, Jarrie.

Obs. — La fleur de cet orchis est comme repliée, fermée en deux dans toute sa longueur ; elle est marquée à la gorge et au milieu du labelle d'une tache de lait très-apparente.

O. PALUSTRIS (Jacq.)? — Spica elongata abbreviatave laxa ; *ovario modice elongato* ; labello late obovato ovatove trilobo, lobo intermedio longiore apice profunde vel leviter emarginato, *lateralibus patentibus* margine plus minusve dentatis vel crenatis rarius subintegerrimis; calcare subcylindrico apice obtuso obtusiusculo ovario paulum breviore; perigonii laciniis exterioribus *lateralibus patentibus vel denique subretroflexis*; bracteis lanceolato-linearibus tri-plurinerviis ovario vulgo omnibus longioribus; caule lævigato subanguloso; foliis anguste lanceolato-linearibus subnitentibus parum nervosis supra canaliculatis tuberibus indivisis subrotundis ovoideisve. — Maj.-jun. ♃.

Flores subroseo-purpurei vel rosei in fauce medioque labelli lineolis purpureis variegati eodemque obscure subalbescentes.

Hab. In pratis humidis planitierum : Gières, Rochefort près Claix, les Terres-froides, etc.

§ Bracteæ tri-plurinerviæ et vel infimæ vel omnes simul reticulato-venosæ. Tubera palmata.

O. ANGUSTATA (n.). — Ab *Orchide latifolia* (L.) differt : spica minus flora laxiore; bracteis brevioribus *inferioribus flores tantum æquantibus; foliis lineari-lanceolatis* non raro angustissimis magis erectis inferioribus vulgo acutis, *superioribus valde decrescentibus, supremis bracteiformibus*; tuberibus parum crassis bi-tripartitis partitionibus sensim in radicem abeuntibus vulgo valde divaricatis.

Ab *O. incarnata* (L.) differt : *foliis vulgo maculatis lineari-lanceolatis*; spica multo laxiore; floribus majoribus bracteisque brevioribus, etc.

Flores violacei punctis lineolisque purpureis variegati. — Jun. ♃.

Hab. In pratis humidis : le Jappin sur Murianette près Grenoble.

Obs. Je possède en herbier la forme grêle et à feuilles étroites de l'*O. incarnata* que des auteurs ont rapportée à l'*O. traunsteineri* (Saut.); elle diffère complètement de celle-ci. Mais ne serait-ce pas là, à son exemple, une forme plus étroite et plus grêle de l'*O. latifolia* (L.), ou constitue-t-elle réellement une espèce distincte? Des observations ultérieures attentives permettront seules de l'établir.

O. ROSEA (n.). — Spica primum ovoideo-cylindrica conferta ; *perigonio calcareque fere O. conopseæ, bracteis O. latifoliæ* ; foliis erecto-patulis *inferioribus oblongo-obtusissimis* intermediis lanceolato-obtusinsculis supremis acutis ; caule 2-3 decim. longo ; tuberibus palmatis. — Jun.-jul. ♃.

Fortasse hybrida ex *O. latifolia conopseaque* ; tunc pro synonymo *O. latifolio-conopsea* dici potest ; sed diligentius in statu vivo observanda.

Hab. Lautaret : prairies humides entre le ruisseau du Galibier et celui des Trois-Evêchés (l'abbé Faure).

CHAMÆORCHIS (Rich.).

CH. ALPINA (Rich.). — Floribus flavo-viridibus ; foliis anguste linearibus caulem æquantibus superantibusque. — Jul.-aug.

Hab. Prairies du val Agnel au-dessus de Fontgillarde allant au col. A. C. (l'abbé Faure) (n.). — Au-dessus de Malrif.

EPIPACTIS (RICH.)

E. GUTTA-SANGUINIS (n.). — *Foliis oblongis* internodio longioribus; bracteis inferioribus anguste lanceolatis *flores multo superantibus*; pedicellis brevibus; perigonio campanulato patulo, laciniis tribus exterioribus rugulosis glandis minutissime puberulis; articulo labelli anteriore acuminato apice recurvo; *gibbis baseos nullis minutissimisve linearibus lævibus*. Flores subferrugineo rosei vel albidi, articulus labelli inferior macula *intense purpurea* notatus. — Jul.-aug. ♃.

HAB. In sylvis siccis: La Périère sur Nantes-en-Rattier.

NARCISSUS (L.).

N. NOBILIS (n.). — Perigonio magno (5 centim. diamet.) tubo elongato *angustiusculo* (3 millim. lato) *sub anthesi valde compresso*; laciniis non niveo sed luteolo albis inæqualibus, interioribus ovatis angustioribus, externis subrotundo-obovatis latioribus, omnibus apice subemarginatis apiculo inferne lanuginoso mucronatis; corona brevissima (3-4 millim. alta) in poculum expansa lutea margine eroso-albide-decolorato-cincta; *antheris gracilibus oblongis superne attenuato-subcontortis*, superioribus altitudine styli; foliis latiuscule linearibus (8-12 millim. latis) obtusis planiusculis obtuse carinatis viridibus parum glaucis scapum sæpe superantibus; scapo subcompresso-ancipiti sulcato 1-raro 2 floro.

HAB. In prato argillaceo circa Gières. — Ap. ♃. R. An spontaneus?

ALLIUM (L.).

Sect. **Porrum** (Tournef.).

A. RUBRIFOLIUM (n.). — *Bulbo simplici* ovoideo vel oblongo; *caule nec bulbo nec bulbillis laterali sed e tunicis interioribus eum formantibus prodeunte* ad medium foliato; foliis semi-teretibus fistulosis supra canaliculatis, inferioribus cum vaginis vulgo purpurascentibus; umbella capsulifera *hemisphærica sublaxa*; *pedicellis inferioribus horizontaliter patentibus*; perigonii phyllis carina lævi vel obscure scabriuscula; antheris exsertis; filamentis tribus interioribus tricuspidatis, cuspide intermedia antherifera lateralibus vulgo longiore filamentoque ipso breviore; capsula subrotundo-ovoidea. — Flores purpurei. ♃.

Hab. Dauphiné; Mont-Cenis?

A. OVATUM (n.). — *Bulbo e bulbillis numerosis tunica inclusis formato*; *caule bulbo bulbillisque laterali* ad medium foliato; foliis semi-teretibus supra canaliculatis; umbella capsulifera *multiflora subgloboso-denseovoidea*; perigonii *phyllis exterioribus dorso scabris* interioribus sublævibus; *antheris paulo exsertis*, filamentis inferne ciliatis, tribus interioribus tricuspidatis cuspide intermedia antherifera *lateralibus* filamentoque ipso *breviore*; capsula ovoidea. — Jul.-aug. ♃.

Flores purpurei, deflorati pallidi.

Hab. Champs cultivés entre Cervières et Briançon (l'abbé Faure) (n.).

TOFIELDIA (Huds.).

T. BOREALIS (Wahl.). — *Spica capitellata, pedicellis apice nudis* ad basin unibracteatis, bractea triloba.

Hab. Au-dessus de Malrif allant au col des Thurres (l'abbé Faure) (n.).

ERIOPHORUM (L.)

Sect. **Eriophorum** (Pers.).

Spiculæ plures.

E. DEPAUPERATUM (n.). — Ab *E. latifolio* (Hop.) præcipue differt : vaginis adhuc angustioribus ; foliis margine sublævigatis angustioribusque ; caule gracilento breviusculo ; *spiculis paucis, lana fructibus glumisque depauperatis* ; pedunculis brevibus subnutantibus *pubescente-scabriusculis* ; glumis fulvo-brunescentibus non atris. — Jul.-aug. ♃.

Hab. Col de Vars.

SCIRPUS (L.).

SC. ALPINUS (Schl.). — *Gluma infima breviore* ; nuce trigona lævi *setis destituta* ; *caudice stolonifero.* — Jul.-aug.

Hab. Prairies humides au-dessus de Malrif allant au col des Thurres ; val Agnel au-dessus de Fontgillarde. C. (l'abbé Faure) (n.).

CAREX (MICH.).

SECT. **Legitimæ** (Koch).

Stigmata 3. — Fructus erostrati vel rostro terete truncato oblique abscisso terminati. — Bracteæ vaginantes; fructus glabri.

C. PUSILLA (n.). — Carici ornithopodæ (Willd.) affinis, characteribus sequentibus valde distincta : *caulibus unicis paucisve* humilioribus (5-7 centim. longis) lævibus; foliis vix acutis brevioribus (2-3 centim. longis) lævibus; spicis magis adhuc confertis; fructibus dimidio minoribus *ellipsoideo-trigonis bruneis glabris nitidis gluma vulgo brevioribus*; glumis subacuminatis *intense bruneis*. — Jul.-aug. ♃.

HAB. Col Isoard sur la crête qui monte au Grand-Isoard.

AGROSTIS (L.).

SECT. **Trichodium** (MICH.).

A. SUBSPICATA (n.). — *Panicula abbreviata mox subspicato-conferta pallide rubello-rufescente*; ramis pedicellisque scabris; gluma superiore apice-eroso-denticulata; glumella inferiore glumam superiorem subæquante, basi vel supra basin aristata *apice brevissime bisetosa*; foliis radicalibus complicato-setaceis; ligula oblonga; caule 5-15 centim. alto, superne vaginis incluso vel breviter nudo. — Jul-aug. ♃.

HAB. Mont-Viso; passage sur le versant français entre le col Agnel et le vallon de St-Veran.

DESCHAMPSIA (P. B.).

SECT. **Eudechampsia.**

D. VERSICOLOR (n.) an CÆSPITOSA var. ALPINA (Gaud.)? — *Panicula subabbreviata* (circiter 1 decim. longa) erecta; *ramis brevibus parum compositis* (5-25 tantum spiculis) *spiculis duplo triplo majoribus* quam in *D. cæspitosa*, violaceo-luteo-albo variegatis; antheris violaceis; arista inæquali glumellam passim superante; *foliis brevibus* (3-10 centim. longis) *erecto-patulis* supra scaberrimis subtus lævigatis planis plicatis vel denique setaceo-convolutis, caulinis conformibus, caule sub panicula lævigato 3-5 decim. longo; vaginis non raro violaceo suffusis; ligula oblonga; caudice fibroso.—Jul.-aug.

HAB. Chanrousse; les Grandes-Rousses, etc.

SERRAFALCUS (PARL.).

S. MOLLISSIMUS (n.) an SQUARROSUS (Bor.)? — Cette plante se distingue du *S. squarrosus* dont elle se rapproche par ses arêtes à la fin tordues sur elles-mêmes et divariquées, principalement par ses épillets plus étroits oblongs-lancéolés, à fleurs moins nombreuses, plus espacées, elliptiques-sublancéolées et non largement elliptiques; par sa panicule et ses tiges plus dressées; par ses feuilles plus linéaires et moitié plus courtes; par ses gaînes plus mollement et une fois plus longuement velues. Ses épillets sont portés pareillement par des pédoncules ordinairement simples, plus courts ou plus longs qu'eux.

HAB. Rochefort près Claix. Jun.-jul.

ADDITIONS ET CORRECTIONS

HIERACIUM.

SECT. **Prenanthoidea** (KOCH).

H. VILLOSIFORME (n.). — Plante *dépourvue ou à peu près de poils glanduleux* ; tige de 3 à 5 décim. lâchement velue, flexueuse ; capitules *de la grosseur de ceux du H. villosum*, au nombre de 3 à 10 dans le haut de la tige *et portés par des pédoncules assez longs* (égalant 2-6 fois la longueur du péricline), simples, nus ou munis de feuilles squamiformes et de capitules avortés ; péricline plus ou moins poilu-hérissé, à folioles *toutes assez étroites* (moins larges et moins inégales que dans le *H. villosum*), lâchement appliquées, *sur 2 ou 3 rangs, les intérieures subobtuses* ou aigues; *ligules distinctement ciliées*, styles bruns ; feuilles hérissées, dentées ou denticulées, *les radicales détruites sous l'anthèse*, les caulinaires nombreuses, acuminées-aigues, *les inférieures atténuées en pétiole demi-embrassant*, les moyennes quelquefois obscurément panduriformes, les supérieures ovales-semi-amplexicaules. — Jul.-aug. ♃. — C'est peut-être une hybride du *H. villosum* et d'une forme de la section *Prenanthoidea ?*

HAB. Mont-Cenis, etc.

SECT. **Vulgata** (FRIES).

H. VIRIDE (n.). — Plante *couleur vert-de-gris*, conservant généralement cette teinte par la dessiccation, souvent tachée de pourpre, munie surtout dans le haut, sur les pédoncules et les involucres, ***de poils assez courts, nombreux, noirs à la base, presque tous glanduleux***; feuilles lancéolées ou elliptiques-lancéolées, aigues, atténuées en pétiole, ***entières ou seulement denticulées***, poilues au moins sur les bords et sur la nervure, les caulinaires 2 ou nulles, l'inférieure pétiolée, la supérieure sessile; tige non ou peu compressible de 2 à 4 décim. subpaniculée-corymbiforme-pauciflore supérieurement; folioles du péricline aigues; ***ligules ciliées***, styles jaunâtres. — Jul. aug. ♃.

Hab. Lautaret, Mont-Viso, etc.

Cette plante, assez commune sur les Alpes du Mont-Viso et du Lautaret, forme très-probablement avec le *H. glanduliferum* mon ***H. nigritellum***, qui pourrait dès lors s'appeler en synonyme ***H. viridi glanduliferum***.

Page 12, ligne 2, après ***nombreuses***, ajoutez : néanmoins je doute encore que ces deux plantes, ***Th. calcareum*** (Jord.) et ***frigidum*** (n.) ne soient pas de simples formes du ***Th. montanum*** (Wallr.), la première, des hautes Alpes calcaires; la seconde, des granitiques.

Page 14, dernière ligne, après M. J.-B. Verlot, ajoutez : bien qu'il l'eût signalée dans ses ***Herborisations des environs de Grenoble***, comme devant constituer une espèce nouvelle.

Page 16, ligne 1, lisez : ***à nœuds rapprochés et très-feuillée inférieurement, moins sillonnée***, etc.

Page 16, ligne 2, au lieu de très-étalée, lisez : assez étalée.

Page 17, ligne 10, entre *ungue* et *concolores*, ajoutez : *in statu sicco dijudicati*, et mettez un point de doute après *concolores*.

Page 17, ligne 14, au lieu de millim., lisez : centim.

Page 18, lignes 25 et 26, au lieu de très-caduc, ce qui fait que les deux pointes sont loin d'être égales, lisez : assez caduc, ce qui fait que les deux pointes sont rarement égales ; et ajoutez : cette plante, néanmoins, pourrait bien n'être qu'une variété alpestre de notre *R. eleophilus*.

Page 24, ligne 15, au lieu de la Chapelle, lisez : la Chapelue.

Page 25, ligne 5, lisez : par la couleur violet-pâle que ses fleurs prennent par la dessiccation.

Page 35, ligne 7, au lieu de subintegris, lisez : subintegerrimis.

Page 36, ligne 12, après *caule minore*, ajoutez : *an non nihilominus varietas ?*

Page 36, ligne 19, au lieu de lineari, lisez : oblineari.

Page 41, ligne 10, au lieu de foliosis, lisez : foliolis.

Page 44, ligne 8, supprimez : de forme plus arrondie.

Page 45, à la fin de la description du *H. intertextum* (n.), ajoutez : cette plante, malgré ses corolles ciliées, serait mieux placée dans la section des *vulgata* et n'est peut-être pas différente du *H. vestitum* (G. G.)

Page 46, ligne 9, après foliis, ajoutez : tenuioribus.

Page 48, ligne 25, après *acuminatis*, ajoutez : rarius rotundato-obtusis.

Page 49, ligne 10, au lieu de *pilosis*, lisez : *piloso-hirsutis*.

Page 49, ligne 15, après *normalibus*, ajoutez : *apice glabris*.

Page 50, ligne 25, supprimez mon observation à propos du *H. speciosum* (Koch), lequel doit bien être le même que celui d'Hornem. et par conséquent tout à fait différent de notre plante.

TABLE ALPHABÉTIQUE
DES GENRES
COMPRENANT LES ESPÈCES DÉCRITES

www.ingramcontent.com/pod-product-compliance
Ingram Content Group UK Ltd.
Pitfield, Milton Keynes, MK11 3LW, UK
UKHW022123260726
13993UKWH00003B/1190